超訳 孫子の兵法「最後に勝つ人」の絶対ルール

# 孫子兵法商學院

比爾蓋茲必讀推薦、哈佛商學院必修

日本No.1東洋思想家30年企業顧問破譯職場生存智慧

田口佳史

涂祐庭——譯

野人家139

# 孫子兵法商學院

日本No.1東洋思想家
30年企業顧問破譯職場生存智慧

作　　者　田口佳史
譯　　者　涂祐庭

野人文化股份有限公司
社　　長　張瑩瑩
總 編 輯　蔡麗真
責任編輯　鄭淑慧
校　　對　魏秋綢
行銷企劃　林麗紅
封面設計　萬勝安
內頁排版　洪素貞

出　　版　野人文化股份有限公司
發　　行　遠足文化事業股份有限公司（讀書共和國出版集團）
地址：231新北市新店區民權路108-2號9樓
電話：（02）2218-1417　傳真：（02）8667-1065
電子信箱：service@bookrep.com.tw
網址：www.bookrep.com.tw
郵撥帳號：19504465遠足文化事業股份有限公司
客服專線：0800-221-029
法律顧問　華洋法律事務所　蘇文生律師
印　　製　成陽印刷股份有限公司
初　　版　2015年2月
二　　版　2016年12月
三　　版　2020年7月
三版12刷　2023年6月


歡迎團體訂購，另有優惠，請洽業務部（02）22181417分機1124

國家圖書館出版品預行編目資料

孫子兵法商學院：比爾蓋茲必讀推薦、哈佛商學院必修，日本No.1東洋思想家30年企業顧問破譯職場生存智慧 / 田口佳史著；涂祐庭翻譯. -- 三版. -- 新北市：野人文化出版：遠足文化發行，2020.7
256面；14.8*21公分. -- (野人家；139)
ISBN 978-986-384-392-4(平裝)

1.孫子兵法 2.研究考訂 3.企業管理 4.謀略

494　　108017300



野人文化官方網頁　野人文化讀者回函

孫子兵法商學院

線上讀者回函專用 QR CODE，你的寶貴意見，將是我們進步的最大動力。

【編者序】

一本讓你在所有競爭中獲勝的戰略指南

# 「不要想著贏，要想不能輸！」

電影《KANO》描述一九三一年台灣嘉義農林棒球隊一路打進日本「甲子園」的傳奇故事，劇中日本鐵血教練近藤兵太郎的關鍵台詞「不要想著贏，要想不能輸！」最是令人印象深刻。

其實，早在兩千五百年前的《孫子兵法》就提出相同的概念。〈軍形〉篇提到：「善戰者，能為不可勝，不能使敵之必可勝。」（善於作戰的人只能夠讓自己不被戰勝而不輸，不能使敵人一定被我軍戰勝而贏。）對手不可能乖乖照你的意思行動，你能夠完全掌控的就是自己。這句話，一語道破戰場上「輸、贏、攻、防」的精髓。《孫子兵法》中的道理，直至現今仍然適用，對現代社會影響極深。

微軟創辦人比爾．蓋茲（Bill Gates）在其著作《數位神經系統：與思想等快的明日世界》（Business @ The speed of thought）中便經常引用孫子的句子；奠定日本德川幕府近三百年基業的德川家康因本書得天下；趨勢大師大前研一也曾分析《孫子兵法》對日本經營者的影響，稱其為「最棒的經營教科書」；歐美國家的商學院，更是將此書奉為「戰略書的始祖」，列為重要的必讀教科書。

此外，曾率領巴西隊贏得二〇〇二年世界盃冠軍、二〇〇六年帶領葡萄牙隊打入前四強的知名足球教練史科拉里，更是知名的孫子迷，他經常與隊員研究《孫子兵法》的戰略，並在宿舍的牆壁貼上書中令人印象深刻的名言。

由此可知，**《孫子兵法》不只是一本兵書，更是讓你在所有競爭中獲勝的戰略指南！不分古今中外，不論政治、商業、人事管理、市場策略、運動……各領域的成功人士都能從中習得扭轉人生的關鍵智慧。**

然而，對現代人而言，兩千五百年前寫成的《孫子兵法》，或許因用詞太古老而不夠親切。尤其書中背景為春秋戰國時代，提及的軍事作戰技巧，一般人較難馬上從中轉換成自己所需的智慧。本書作者田口佳史，正是超譯《孫子兵法》為現代職場策略指南的最佳導師。他研究中國古典經籍逾四十年，是日本第一的東洋思想家；更因融合東方思想與西方先進技術的新經營思想，成為日本知名企業顧問，三十年的實戰經驗，曾協助兩千多家公司企業改造，指導一萬多名社會人士成為職場贏家。他在孕育日本商業菁英的知名學府慶應大學開的

「論語」「老子」課程，更是學生們爭相搶修的超人氣課程。

作者以最平實易懂的文字，將《孫子兵法》全書十三篇，對應為現代人必上的十三堂課，本書內容可細分為四十七個〔優勢對策〕，包括人生計畫、作戰準備、聰明戰略、如何營造我方優勢、逆轉勝的關鍵、面對問題時的心態管理、帶人又帶心的領導原則、媒體與形象攻略、情報蒐集術……教你精確掌握天時、地利、人和，創造優勢人生。

剛出社會的新鮮人，可以依照孫子的「五事七計」擬定縝密的人生計畫，培養個人優勢能力；進入公司兩、三年，亟欲嶄露頭角的新生代戰力，能從〈九變〉〈九地〉學會應對商場各種問題的訣竅，讓自己立於對手上風；獲得公司肯定晉身管理階層的中階主管，身兼開發市場和培育下屬的責任，〈行軍〉〈地形〉兩篇中的戰略和管理哲學，將讓你獲益良多；而肩負帶領公司責任的高階主管，除了可在本書中學綜觀全局、運籌帷幄的智慧，參考〈火攻〉篇的形象策略、媒體應用，更有助你掌握時代趨勢，樹立企業良好形象。

《孫子兵法商學院》堪稱最適合現代人的人生、職場生存指南，無論你身處企業哪個階層，位於人生的何種階段，遇到什麼樣的難題，相信本書作者對《孫子兵法》的重新詮釋，都能讓你獲得解決難題、自我提升的關鍵智慧，成為職場和人生的贏家。

**野人文化編輯部**

# 目錄



## 始計。

# 作戰。

## 【第二堂課】籌備作戰的法則

在現今時代生存，必須取得專屬於你的「武器」

# 謀攻。

## 【第三堂課】取得勝利的戰術

用兵最高境界：「保存實力，不戰而屈人之兵」

# 軍形。

# 兵勢。

# 虛實。

# 九變。

# 地形。

# 九地。

# 火攻。

# 用間。

## 《孫子兵法》乃現代人必讀的「生存寶典」

# 「成為強者，必有一套必勝法則。」這是我接觸中國古典思想四十餘載，所得到的結論。

二十五歲那年，我接觸了《道德經》與《論語》。這兩本書為我開啟了中國古典的大門。之後，我開始研讀四書（《論語》、《孟子》、《中庸》、《大學》）五經（《易經》、《書經》、《詩經》、《禮記》、《春秋》），再到《墨子》、《孫子兵法》、《吳子兵法》、《太公兵法》、《黃石公三略》等兵法書，接著延伸至宋學、陽明學等等，日後還開辦了這些主題的課程。

我的授課內容，不是鑽研古典思想，而是把這些書籍當做「人生指南」，並且以淺顯易懂的方式，講解給更多人聽。

每一位學員都是心有所求，才前來聽我講課，我當然要充分滿足他們的需求。四十多年來，每一天我都是這樣自我要求。

後來，我察覺到一項驚人的事實：這些古典經籍講述的，在在都與人生有關，無一例外。

每天為學員講課的我，可說天天都在學習人生、學習如何生活。

這麼想來，我自己說不定才是獲益最大的人。

「這些書當真令人受益良多！」

這是我對中國古典經籍抱持的想法。

其中，又屬《孫子兵法》的好處特別多。

**《孫子兵法》以極為具體的方式，闡述如何思考與行動，這些方法不僅能在商場派上用場，也能應用在人生。**

就連歐美國家的商學院，也將本書奉為「戰略書的始祖」。《孫子兵法》無疑是當今最有用的生存指南。

我舉一個例子。商場上有一條準則：「站在對手的上風處。」

關於這條準則，我將在正文裡詳細解釋。簡單說來，**孫子不會告訴你「人與人要互相扶持」這種天真的道理，而是要你「時時刻刻立於優勢，讓事情照自己的意思進行」**。然後，他還舉出好幾種具體做法：

「提供對方好處。」

「直搗對手痛處。」

「巧妙利用對方的強項與弱項。」

孫子不說大家愛聽的漂亮話，而是告訴你實用的技巧。

現代人尤其是商務人士，若想得到最後的勝利，必要好好研讀孫子的思想。

在此，讓我向各位介紹，自己長年接觸中國古典以來，如今享受到怎樣的好處。

首先，十年前年逾花甲的我，依然得以重新展開愉快的人生，現在過得比之前更好。

年屆六十，一般人都會退下工作崗位。我的同學中，有人退休以後，瞬間失去公司菁英的光環，感覺像從雲端滑落谷底，巨大的落差讓他之後的人生過得相當不愉快。

仔細想來，我之所以能免去那樣的不愉快，也許出自以下的兩個理由：

第一個理由，如同我先前所述——「古典經籍拯救了我」。

第二個理由，則是——「在工作中接觸過的兩千多家公司，讓我明白了『人生有贏也有輸』的道理」。

打從三十歲創業那一刻起至今，我的另一個本行是「企業經營顧問」。若將公家機關、地方自治團體、學校、醫療機構等等列入計算，跟我往來過的客戶，應該多達兩千餘家。

我接觸過的經營者，人數多達兩千多人。如今回想起來，他們個個精力旺盛、極富個性，都是充滿魅力的人物。

與這些企業經營者共同面臨各式各樣的問題與挑戰，彼此全心全意投入其中，可說是難能可貴的經驗。

直至今日，我對人生總結的願望，可以濃縮成以下這句話：

「**盡可能讓自己幸福，度過愉快的人生。**」

這也是現在的我對聽眾、學生所抱持的深切盼望。

尤其是當今的年輕人們，由衷希望你們在每一天都能「有更美好的明天在等著你」。

「**因此，你們要變得更強，成為克服一切困難的強者。**」

這是我對你們的第二個願望。

倘若一直逃避問題，不幸與不快終將日日跟隨著你。

「儘管放馬過來，我才不會輸給這些小事！」

唯有讓自己有膽識說出這樣的話，才是邁向幸福的最快捷徑。

那麼，該怎麼做，才能達到這個目標呢？

為了傳達箇中技巧，最好的辦法莫過於借用中國古典經籍的智慧，特別是《孫子兵法》這部無可匹敵的人生戰略指南，而這正是我寫下這本書的目的。期望這本書能對大家都有所助益。

田口佳史

# 始計

## 第一堂課
## 確立人生計畫

## 最後贏家都知道的求生戰略

孫子將〈始計〉放於《孫子兵法》的首篇，
因為他認為人生的每一場戰役，都攸關你的將來，一定要懂得籌謀規劃。
在第一堂課，孫子將告訴你為何確立縝密的人生計畫，是成功人生的關鍵。
以及該如何活用「五事七計」，從各方面評估考量，
訂立詳細的人生計畫，讓自己不斷進步，
擬定能夠吸引眾多支持者，同時降低對手心防，隨時讓自己居於上風的人生戰略。

優勢對策01

兵者，國之大事，死生之地，存亡之道。故經之以五，校之以計，而索其情。一曰道，二曰天，三曰地，四曰將，五曰法。

# 人生如戰場，一定要懂得籌謀規劃，「見機行事」是失敗者的戰鬥方式

所謂的人生，就是你永遠也不知道，何時會面臨死亡。正因如此，事事不可掉以輕心，務必時時提高警覺。若想獲得自己希望的人生，你必須充分收集資訊、做好準備、深思熟慮各種情況，訂立縝密又可行的人生計畫。

孫子對策：「戰爭是國家的大事，關係到人民的生死，也關乎國家的存亡。所以要從五個角度來比較、計算各項細節，比較敵我雙方的實力，探索出彼此的真實戰力為何。這五種角度分別是：道（治道）、天（天時）、地（地利）、將（將領）、法（法則）。」

若想成為人生的勝利者，便要掌握一項重點——思考在「人生計畫」中，對自己有利的戰術，從「道、天、地、將、法」五個角度，模擬取得勝利的途徑。

## 你認為「不可能發生」的事，隨時可能發生，這就是人生

人類這種生物天性樂觀，除非大難臨頭，否則壓根兒不會想到自己有一天可能面臨生死關頭。你是否也跟芸芸眾生一樣，毫無來由地相信「明天也會像今天這樣平安度過」？

從前的我也曾經抱持這種想法。那年我才二十五歲，從事電影這個行業。某次，我到曼谷市郊的農村取景，兩頭原本溫馴的水牛突然發狂，對我發動攻擊，導致我身受重傷，差點一命嗚呼。

直到事情發生的前一刻，我做夢也未曾想過，如此巨大的災難竟然即將要降臨在自己的身上。

前一秒鐘還在開懷大笑，下一秒鐘或許就遇到生命危險。

今天還為工作順利高興不已，說不定公司三天後便面臨倒閉的命運。

今晚沉醉於勝利的美酒中，難保隔天早上不會從此一病不起。

人生路上，隨處埋伏著迫不及待把人推入萬丈深淵的魔怪。人人認為「不可能發生」的事，隨時隨地都有可能發生，這就是人生。

因此，走在人生的道路上，千萬不可大意，務必時時提高警覺，以免被魔怪趁隙偷襲。

為了時時提高警覺，請你每天至少站到神像、佛壇，或自己崇拜的人物相片前面一次，好好地捫心自問。

問問自己，是不是太過天真、太過鬆懈、太過自信、疏於防範，甚至心生邪念？**我們必須自我提醒，在名為「人生」的戰場上，時時做好戰鬥的準備，讓敵人無法趁虛而入。**

## 訂立人生計畫的關鍵：愈具體、愈細節、愈有臨場感

你有沒有為自己訂立完善的「人生計畫」？你是否有辦法具體說出，二十年、三十年後自己會是什麼樣子？如果以上的答案是否定的，代表你是一個缺乏規劃的人，往往只是見機行事。這樣的處世之道，不可能讓你的人生盡如己意。

有些人可能會說：「我有目標，也已經畫好大致的藍圖了。」這些人固然比完全沒有計畫的人好一點，但你的未來藍圖若只停留在「希望這個目標有一天能夠實現」的願望範圍，還是不夠。

**真正的重點在於，你的想像必須愈仔細、愈有臨場感，彷彿這些想像早已是既成事實。**

例如：「在幾歲要升上哪個部門的哪個職位，有幾個下屬，年收入有多少，住在什麼地方（地

點要明確）、房子有多大（面積與坪數）、格局如何，第一個女兒在幾年幾月幾日出生……」

正如一流的運動選手反覆進行的意象訓練，一而再、再而三地想像未來的模樣，直到最後分不清楚，逐一實現計畫的自己究竟是「想像」還是「現實」，你才有資格大聲說：「我已經建立好明確的人生規劃了」。

訂立如此縝密的計畫，少說也得花上一、二年。在這段期間，你必須蒐集對自己有用的資訊，藉以瞭解需要加強哪些能力，認清時代的脈動，掌握採取行動的時機，選擇在什麼領域一決勝負，並且學習自律、自我磨練的方法。這才是最大的重點。

人生計畫成形後，你的身體跟腦袋自然也會動起來，照著計畫開始工作。

## 從五個角度模擬致勝之道，擬定縝密的人生計畫

構思「人生計畫」時，必須從「道、天、地、將、法」五種角度，設定讓自己立於優勢的戰術。孫子將這五種角度稱為「五事」。接下來，我將從「人生計畫」的觀點，一一解說這五種角度的意義。

**角度一：「道」，代表「自己該走的道路」**

「道」就原文解釋，意指：「人民與政府具備共同理念，能在此一信念下同生共死，不懼任何危險。」

以「人生孫子」的角度解釋，就是我在前面所提及的，想像自己在十年、二十年，甚至三十年後的實際生活。若能做到這一點，你的思路與行動將合而為一，無論工作、學習、玩樂，乃至於每天的生活，所有行為將自動以同一個目標為基準。

也就是說，不論做什麼事，都好比走在同一條道路上。一切行動皆有憑有據、合情合理，自然不會患得患失、憂慮或猶豫，即使遭遇困難，也能欣然接受挑戰，得以保持愉快的心情。

**角度二：「天」，代表「時代性」**

假設你的目標是「當上目前任職公司的社長」，卻沒有設定「什麼時候要達成」，目標便會模糊不定。因此，你要下定決心「在二〇二五年當上社長」，定下目標的實現期限，思考屆時將是什麼樣的時代，局勢潮流會如何，自己又該怎麼善加運用，擬定能夠滿足時代要求的計畫。

懂得構思這些問題，能想像將來肩負時代重任的自己，最後達成目標的人；跟那些對將來總是漫不經心的人相比，可說是天差地遠。若是時代不利於己，做任何事都不可能順遂。經常聽到某些成功人士被稱為「時代寵兒」，這些人之所以能成為時代寵兒絕非偶然，而是因為他們設定了順應時代潮流的計畫，並且善加運用。

**角度三：「地」，指的是「自己活躍的領域」**

你必須先釐清自己要成為什麼領域的一流人物。具體說來，最理想的情況，是選擇符合自己的天性，亦即適合自己的領域，而且要成為專通此道的第一人，不讓別人有機會跟你競爭。此外，還要能放眼全球，活用自己的資質與能力。

我們不可能在不適合自己的領域，拿出什麼好表現；處於競爭激烈的領域，嶄露頭角的難度也相對提高；發展空間有限的話，同樣欠缺一些樂趣；待在無法發揮自身資質的領域，也會有「英雄無用武之地」的遺憾。像這樣反向思考，便不難瞭解什麼才是適合自己的領域。

**角度四：「將」，就是「必要能力」**

就原文解讀，意指：「將軍身為戰爭現場的指揮者，要是不扮演好自己的角色，便無法達成國家的目標。出色的將軍應該智、信、仁、勇、嚴兼備——足智多謀、照顧下屬、受下屬信賴、富有勇氣、對自己跟對下屬都嚴格。」

但若從「人生孫子」的角度解讀，則為「達成目標不可或缺的能力」。釐清自己需要哪些能力，然後徹底鑽研，是相當重要的一件事。

**角度五：「法」，是「克己之心」**

「法」講白話一點，便是「遵守法律與社會規範」。而人生計畫中的「法」，則為「嚴格律己」之意。世間充斥著阻礙我們達成目標的甜美誘惑，若非意志相當堅定，很容易受到誘惑，一不小心便走向岔路。不管眼前的誘惑再強烈，都要嚴厲告誡自己：「千萬不能上鉤！」這句話也激勵我下定決心：

「向金錢物質主義說『不』。」

「每天固定撥出兩小時研讀中國古典經籍，再依序研讀佛教、禪、神道等書。」

「我生性嗜酒，更應該規定自己一週只能喝三天。」

凡是會妨礙自己達成目標的事物，一律予以排除，沒有任何例外。抱持這般堅定的意志，也是「人生計畫」的一大重點。

現在，請你依照上述的五種角度，試著模擬自己的「人生計畫」，相信這將成為你勝利的基礎。

**活用「五事」訂立「人生計畫」時的五大關鍵心態**

| 項目 | 意義 | 關鍵心態 |
|---|---|---|
| 道 | 具體明確的目標 | 我要成為這樣的人 |
| 天（時） | 順應時代性 | 讓時代助我一臂之力 |
| 地（利） | 擅長的領域 | 成為該領域的No.1 |
| 將 | 達成目標必備的能力 | 必須習得必備的能力 |
| 法 | 以「克己」鍛鍊自我 | 務必拒絕誘惑，貫徹決心 |

優勢對策02

主孰有道？將孰有能？天地孰得？法令孰行？兵眾孰強？士卒孰練？賞罰孰明？吾以此知勝負矣。

# 找出能刺激你進步的勁敵，從七個方面徹底比較敵我戰力

對此時此刻的你而言，誰是你想成為的目標？找出這樣的人，徹底比較你和對方的實力，加強自己的不足之處，磨練你才有的優勢。這麼一來，你將會有長足的進展。在人生每一階段不斷重複這個流程，總有一天，你將成為眾所公認「這個領域裡最強的No.1」。

孫子對策：「面對敵人，要從各方面比較計算，探索敵我戰力的真實狀況。這幾個方面是：誰的政府施政合於道？誰的將帥較有能力？誰得到天時與地利？誰的法制命令能夠貫徹？誰的軍隊比較強大？誰的兵士訓練精良？誰的賞罰公正嚴明？從這些比較，便可知道孰勝孰敗。」

## 選擇對手的標準：現在的你多加把勁就能超越的人

僅是模糊地知道終點在遠方，我們便無法朝終點筆直前進，一路上還可能走錯不少路。唯有清楚看見終點，我們才能找出最短路徑，以最快時間到達，不致於中途迷路。

此時，**最適合做為標竿的，就是你視為目標的對手，對方最好是現在的你多加把勁，就有機會並駕齊驅、甚至超越的對手。**

這樣的對手，能夠讓你清楚看到現階段的自己應該達成的目標，也是最能幫助你進行意象訓練的幫手。

設定好競爭對手後，接著要徹底比較雙方的能力與實力，就是孫子提到的「校之以計，而索其情」，即用來衡量敵我戰力的「七計」，此時就能派上用場。以下讓我們從七個角度來比較敵我戰力優劣。

### 角度一：「有道」，誰的工作符合公共利益？

詢問自己：你與對手的工作內容，是否符合為世人貢獻的志向？

在這個項目，具有普遍化志向的一方算是勝利。倘若你的志向混雜了私欲，或容易受到時代或周遭的人事物左右，就必須立刻修正。

**角度二：「有能」，誰的實力較強？**

比較雙方的實力，將各項能力一一列舉細分，逐一確認自己與對方孰優孰劣。以棒球選手來比喻的話，一名選手必須具備打擊、投球、跑壘、選球、守備等諸多能力。我們要做的，就從公正客觀的角度，一一檢驗自己的必備能力。一旦發現有不如對方的項目，就要集中火力予以補強，並且累積經驗。**唯有體認自身的不足之處，你才能發掘自己進步的空間。**

不對彼此的戰力進行縝密的優劣分析，淨是做白日夢，只想著「那個人好強，總有一天我也要跟他一樣強」的人，是不可能讓自己有所提升的。而那些沒有勇氣承認自己不如他人，只會嫉妒、或刻意貶低對方的人，更是不值一提。

**角度三：「天地」，誰占了天時地利？**

在此要比較的是：哪一方比較符合時代的需求？工作的地方能否提供舞台，讓自己的能力發揮最大值？

即使是「貓王」艾維斯．普利斯萊或披頭四，倘若他們當初早幾年或晚幾年出道，恐怕也沒有機會成為家喻戶曉的超級巨星。就算是現今叱吒風雲的大企業總裁，如果他們當初進入的是快倒閉的中小企業，八成也等不到發揮能力的機會。由此可見，想讓工作有更好的表現，你必須在時機與發揮空間上比對手更占優勢。

**角度四：「法令」，誰遵守規範，嚴格自我約束？**

以現代的說法，即為雙方是否遵守社會規範。

不論表面的成果多麼風光，一旦中間的過程違反法律或社會規範，便無法在最後取得勝利。回顧近幾年大大小小公司爆發的企業醜聞，有多少企業因為蔑視法律規範，作假帳，或在產品上標示不實成分或產地，因而從高峰跌落谷底？

況且，確實遵守規範也是嚴格鍛鍊自我的表現。擁有堅強的意志力，面對再吸引人的誘惑都能不為所動，才能夠從競爭中勝出。

**角度五：「孰強」，也可解釋為「抗壓性」**

指的是在關鍵時刻，哪一邊能發揮超凡的水準。

再以棒球為例，假設比賽進行到九局下半，球場上二出局滿壘，只要打擊者能擊出全壘打，便可扭轉勝敗。結果，這位打擊者果真敲出再見滿貫全壘打，漂亮贏得比賽。這個項目要求的，就是你是否具備這樣的抗壓性。

我要先澄清一個觀念。這裡提到的「抗壓性」，無關「運氣」，而是強韌的心智。平常練習設想各種必須一決勝負的場面，時時鍛鍊自己的精神，保持柔軟又冷靜的內在，才能讓你在關鍵時刻發揮力量。

反之，若精神不夠強韌，只要事情稍微不如己意，將連原本實力的一半都無法發揮。

**角度六：「熟練」，誰的訓練更夠？**

你跟你的對手，哪一邊累積的訓練更為深厚？

也許有人會覺得這一點跟自我鍛鍊有些類似，但這裡指的是透過反覆練習，「讓身體牢記工作」的手感。能否具備優於對手的手感，量與質的訓練都是一大關鍵。

各位想必都有這樣的經驗：剛開始做一項工作時，覺得非常困難，動不動便遇到瓶頸，但隨著次數不斷累積，在不知不覺間，原本困難的工作也變得能輕鬆達成。這就是「熟練」，也是提升自身能力的必經階段。

總而言之，這個項目的勝敗關鍵，在於你投注多少時間和心力，用來提升自己的實力。若不付出比對手多上好幾倍的努力，是不可能追上他的。

**角度七：「賞罰」，誰的工作評價較高？**

意指外界對於雙方工作的評價。

例如獎勵、升遷、周遭的評語等等，釐清對手與自己之間的落差，有助於讓你的目標更為具體明確。就算說「因為有回報，才能努力到最後一刻」也不為過。

上篇的「五事」與本篇的「七計」，合稱「五事七計」。這是孫子擬定戰略的要點。

當然，你做為目標的對手要不斷替換。

每當你進入新的成長階段，對手也會變得更加強勁。在成長的道路上，你必須抱著「追上對方、超越對方」的心態持續往前衝。終有一天，你一定會成為夢想中二十年、三十年後那個成功的自己。

## 活用「七計」分析「敵我戰力」時的七大檢視要點

| 項目 | 意義 | 檢視要點 |
| --- | --- | --- |
| 有道 | 志向是否以公共利益為目的 | 廣泛的社會性 |
| 有能 | 專業能力、實力 | 絕對優勢 |
| 天地 | 時代性、獨擅領域 | 目前時勢、職場是否對自己有利 |
| 法令 | 倫理性、克己 | 凡事要求心安理得 |
| 孰強 | 臨場發揮的水準 | 堅強的心智、抗壓力 |
| 孰練 | 訓練的程度 | 忍耐力、意志力 |
| 賞罰 | 獎勵與評價 | 充實與滿足度 |

優勢對策03

**將聽吾計，用之必勝。計利以聽，乃為之勢，以佐其外。勢者，因利而制權也。**

# 縝密的人生計畫，帶給你「必勝」的氣勢

不要怕麻煩，務必好好醞釀你的「人生計畫」，評估風險時，請把可能發生的危險，以及最壞的情況全都列入考慮。若能準備到這個地步，就跟達成目標沒什麼兩樣了。不論是組織或個人，若能建立十足勝算的計畫，自然會產生活力，從內在源源不絕湧出氣勢。接著，大批支持者將受到你的氣勢吸引，從四面八方聚集過來。世界上最強的，莫過於深信自己必定會獲勝的人。哪怕是再強大的權威或權勢，都會被他的氣勢扳倒。

孫子對策：「若將帥能聽從我的計謀（五事七計），任命他去指揮作戰必能打勝仗。採納了我的計謀之後，還要進一步設法造就有利於自己的形勢作為輔助。憑藉我方的有利條件來制定隨機應變的策略。」

## 訂立計畫的原則：悲觀準備，樂觀行動

訂立縝密又可行的人生計畫，絕非易事。光是蒐集資訊，便是相當大的工程，之後還得整理、分析這些資訊，設想所有可能的風險，預先擬定對策。保守估計的話，這個過程最短也需要一年，在不同的情況下，長達兩年也不足為奇。

現代人急性子，也許會覺得花這麼長時間訂立計畫，是件浪費時間的事。別忘了自古以來的名言——「欲速則不達」。**事實上，花時間好好地訂立人生計畫，才是通往目標的最快捷徑。**

擬定人生計畫時，請提醒自己，永遠要抱持「最悲觀」的心態準備。簡單來說，就是事先設想遇到最壞的情況時，自己應該怎麼應對。

多數人在準備階段，總是樂觀地認為「那種事情不可能發生」，一旦事情發展不如預期，他們只能束手無策，眼睜睜看著自己被擠向失敗的道路。換句話說，這些人正是因為準備時過於「樂觀」，只要稍微遇到逆風，就立刻開始「悲觀」地煩惱「這樣該怎麼辦，那樣該怎麼辦」，貿然採取行動。

只要在事前的準備階段，「悲觀地」思考，之後遇到任何狀況都不會慌張，得以冷靜且

「樂觀地」面對，一切事態都在你的預料掌握之中。

如此一來，你將發自內心產生一股「我必定會贏」的信心。即使現在居於劣勢，也能不改從容，相信「十年、二十年後的自己終將是最後贏家」。不僅如此，周遭的人也會對你刮目相看，心想：「看看這個人，多麼有自信啊！」有些對手甚至會知難而退。

## 凝聚氣勢，將吸引大批支持者前來

組織和公司都必須靠「氣勢」來維繫命脈。

試問：你是否願意跟缺乏氣勢的公司做生意？又是否願意跟缺乏氣勢的人共事？

我想，大家應該會避之唯恐不及，害怕連自己的氣勢都被削弱吧。人們都愛跟氣勢十足的團體以及人打交道，想助他們一臂之力，或借用他們的氣勢為自身加持。我們習慣將希望寄託在「有氣勢」的人身上。

**氣勢豐沛的人，容易吸引大批支持者，也會有很多人主動協助他們完成工作，或是介紹對其工作有所助益的幫手。**在公司裡，上位者也會看重他無人能敵的氣勢，加以提拔，交派下一個重大企劃給他，職場生涯就此起飛。

那麼，這股「氣勢」從何而來？在此，我必須再次強調訂立計畫的重要性。**正因為這些人擁有必勝的計畫，除了滿滿的自信，身體還會源源不絕湧出活力，更助長他們的氣勢。**

當然，這也不代表沒有計畫的人看起來一定死氣沉沉，乍看之下氣勢高昂的人，並非完全不存在。

不過，那樣的氣勢往往僅止於表象，很快便消耗殆盡。再加上他們缺乏規劃，總是事到臨頭，才像無頭蒼蠅似地思考如何行動，導致氣勢直線往下掉。空有其表的氣勢，無法發揮任何功用。

## 堅信「自己一定會獲勝」的人，必能得到最後的勝利

人們面對有權有勢的人，難免心生退卻。大多數人在權威和權勢面前會自動懾服，無條件放棄挑戰的念頭。

然而，事實並非如此。想想那些體壇賽事，經過一番激烈的廝殺之後，勝利那一方的教練不是常說：「我們最後能夠獲勝，大概是因為『無論如何都要贏』的執著略勝對方一籌吧。」而輸掉比賽那一方的教練也會認為對方的決心勝過己方。

由此可見，影響結果的關鍵在於：哪一方對勝利的執著與把握更加強烈。

無論是工作或人生，即使身處劣勢，堅信「自己一定會獲勝」到最後一刻的人，必定能夠獲得勝利。

無關乎你眼前的敵人是巨大的權勢，或實力明顯不如己的對象，只要擁有「我絕對要贏！」的氣勢，就算一度面臨失敗的危機，照樣有辦法在最後上演漂亮的大逆轉。

相反的，若對手稍微踏近一步，你的腦海便閃過「啊，可能會輸……」的念頭，下一秒說不定就真的會被打敗。這就是比賽。

握有權威、權勢的人，習慣用權威、權勢應戰：先給對手下馬威，讓他們主動放棄比賽，藉此「不戰而屈人之兵」，是這些人的慣用手法。

那麼，要是對方無懼於這些人的下馬威，憑著一股氣勢步步進逼，又會發生什麼事？他們無計可施，最後也只能當場舉白旗投降了。

不要畏懼對方的權威或權勢，儘管大膽迎戰吧。對方見到你這麼做，說不定會欣賞這樣的你，轉而成為你有力的支持者。在這世上，獲得「奇蹟經營者」稱號的人，都是在年輕時用這種方法打倒比自己強大許多的對手，一路攀上成功的高峰。

兵者，詭道也。利而誘之，亂而取之，實而備之，強而避之，怒而撓之，卑而驕之，佚而勞之，親而離之，攻其無備，出其不意。

# 居於上風的戰略思考：收斂鋒芒，暗中掌握對手資訊

誇耀自己的強項，會使對方提高警覺；表現得有點遲鈍，對方自然會卸下心防，甚至顯露弱點。明白對方想要的是什麼，即可取得主導權。我們應時而贊同對方，時而戳其痛處，時而出其不意，完全掌握對方。想達到這個目標，必須學會洞悉人心。

孫子對策：「戰爭是鬥智手段的運用。如果敵人貪利，就以小利引誘他；如果敵營混亂，就乘機攻破他；敵人力量充實時，全力戒備；敵人實力強大時，暫時避退；若敵人的將領易怒，想辦法激怒他使其失去理智；若敵人卑視我方，就設法使其驕橫；當敵人習於安逸，設法使其疲於奔命；當敵人內部團結，設法離間分化；總之，乘敵人不注意時，攻打敵人不防備的地方。」

## 鬆懈對手心防：與其當個了不起的能人，不如當個好相處的好人

目前為止，我已經說明了訂立完美人生計畫的重要性。在這個段落，還有一件事情非提醒各位不可。

那就是：**人生計畫只要自己知道就好，別說是對手，對周遭人等也沒有透露的必要。**

試想，如果你逢人便向對方吹噓：「這是我的人生計畫，我現在正確實按照這份計畫過自己的人生，相信最後一定能獲得勝利。」

這番話讓旁人聽了，又將作何感想？

難免對你感到畏懼，提高警戒吧。結果，對方為了不輸給你，同樣會做好萬全的準備。這樣一來，想贏過對方，就不再那麼簡單了。

孫子說：「故能而示之不能。」意指：有能力，卻故意顯出沒能力的樣子。與其炫耀自己有多麼了不起，不如表現得遲鈍一點，他人自然會鬆懈下來，並不再提防你。對方會以何種態度對你，完全取決於你自己。

因此，**你一定要學會「謙虛」**。**不論是什麼樣的對手，看見你放低姿態，都會漸漸卸下防備，解除對你的戒心**。到了這個階段，對方將開始對你吐露真心。有時甚至會主動說

出你真正想探聽的內容。

與其當個了不起的能人，不如成為大家眼中好相處的好人。不懂得「適時裝傻」的人，成就不了什麼大事。

## 讓你「立於對手上風」的三個方法

若希望凡事如你所願、順利進行，你必須讓所有人成為你的盟友，不讓他人妨礙你想做的事。用一句話概括，就是「立於對手的上風」。

孫子不會告訴你「人與人之間要相互扶持」這種好聽話，在他的觀念中，人們應該想辦法讓自己立於優勢，建立能讓事情盡如己意發展的人際關係。

在全球化的時代，人們有很多機會前往未知的地方或國家，與先前未曾謀面的「高手」打交道、合作，或是借助他們的才能助自己一臂之力。

最理想的情況，當然是光明正大地用道理說服對方，展現優秀的人格與教養，折服對方，甘願成為自己的人馬。

但在年輕時，這種方法很難奏效。所以，孫子告訴我們，在這類情況下你應該謹記的三個要點：

**提供對方好處**

如果有人提供自己渴望已久的事物，我們會感恩於他。有時甚至會覺得「只要是為了你，要我赴湯蹈火也在所不辭」。

一旦對方產生這種念頭，我們便篤定占了上風。

假設有個人心想「要是能跟A公司談成生意的話，我們的業績一定會翻好幾倍」。若是你在聊天時假裝不經意地透露：「其實呢，昨天晚上我跟A公司的董事吃過飯。最近我們的交情挺熱絡的。」

他會有什麼反應？想必會雙眼發亮，纏著你介紹那位董事給他吧。如此一來，即便對方是遠比自己高高在上的大人物，雙方的立場也會一口氣顛倒過來。

為了達到這個目標，我們必須事先做足功課，調查對方最想要的是什麼，取得能夠滿足對方需求的人脈與資訊。這固然是項艱辛的大工程，但你千萬不能在此偷懶。

我有位住在美國的朋友就是這樣。他打聽到對方很想跟某家公司做生意，為了結識那家公司的經營者，甚至花大錢報名對方也在上的網球課程。用這種方法，讓自己取得優勢，順利完成一件大型企劃案，心願得償。

**私底下做好萬全準備，然後以不著痕跡的方式，暗示對方「自己擁有他想要的東西」。這樣一來，對方非但不會覺得你在賣人情，還會對你感激不盡。**

## 直搗對手痛處

以挖掘真相為己業的記者，不少人懂「激怒對方藉此取得消息」的方法。他們擅長戳中對方要害，等待對方情緒失控口不擇言的時機。

除了新聞採訪，這種方法在人際關係上也很有效。

歸根究柢，在你來我往的交涉、談判等場合上，意氣用事只會使當事人失去冷靜，亂了方寸而發出爭議言論，讓自己不斷偏向劣勢，從而種下敗因。

孫子告訴我們：**若想在最後的關鍵時刻讓對方屈服，最好的方法是直搗痛處，讓他自亂陣腳。**

我舉一個例子，你不妨試著這樣告訴對方：

「聽說你因為身體不適，無法出席之前那場重要會議對吧？可是，有人說那天在高爾夫球場看到你喔。不過，我告訴對方那是他認錯人，你根本不可能出現在那裡。」

此時對方可能出現兩種反應。一種是大吼「那個人在說什麼蠢話」，另一種是臉色瞬間慘白，半天說不出話來。不管是哪一種反應，他已經因為你幫忙壓下問題，欠你一次人情，而落居下風。

正因為你明白一切效果才故意這麼做，所以能夠保持冷靜，自然可以立於優勢，讓事情如己意順利發展。

## 巧妙利用對方的強項與弱項

每個人碰到自己擅長的領域時，總是變得能言善道，話題一個接著一個。

因此，**向別人打聽消息的辦法，就是先配合對方擅長的領域開啟話題**。對方聽到是自己的強項，心情自然大好，之後再進入正題，即便是棘手的部分，也不會遇到太多阻礙，對方會更容易聽進我們的話。

相反的，倘若是對方不擅長的領域，他會開始心神不寧，想辦法轉移話題。

孫子告訴我們，只要瞭解這一點，就可以在想扭轉立場時，確實發揮效果。

讀到這裡，你應該體認到《孫子兵法》不會說大家喜歡聽的漂亮話吧？

不過，他也提到：「**這些花招手段也是有極限的。勤於加強自己的實力，才是戰士的正途。千萬不可忘記這一點。而且，使用花招手段的前提條件，是你已經累積了一定的實力。**」

由此可見，「真誠」是做人的一大要件。比賽勝負的關鍵，還是在於人格與實力。會在此提出勸戒，也正是孫子的厲害之處。

# 作戰

第二堂課

籌備作戰的法則

## 在現今時代生存，必須取得專屬於你的「武器」

本篇題名〈作戰〉，實際上講的卻是籌措戰爭，全面地論述孫子的後勤論。
篇中提到戰爭需要耗費極大的人力、物力和財力，就我方而言要速戰速決。
在這一堂課，孫子將告訴你：在全球化的時代，你該以什麼作為「武器」，才能脫穎而出？
臨戰時又應抱持什麼心理準備，才能確保優勢，臨危不亂？
何謂聰明的作戰方式和愚蠢的作戰方式？怎麼做，才是邁向成功最快的捷徑？

凡用兵之法，馳車千駟，革車千乘，帶甲十萬，千里饋糧，則內外之費，賓客之用，膠漆之材，車甲之奉，日費千金，然後十萬之師舉矣。

# 認清你獨一無二的專業，做好萬全準備才能創造贏面

出兵打仗前，需要做好萬全準備才能啟程出征，當戰場準備移到國外，你必須先認清什麼才是你獨一無二的專業能力，以此為武器深入外國。然後雇用能幫你打理一切雜務的幫手，打點一個可以安心作戰的環境，讓自己全心全意專注在事業上。

孫子對策：「與兵打仗，一般需要準備千輛戰車及千部輜重車輛，配合十萬穿戴甲冑的戰士，自千里之外運輸糧食。國內國外消耗的軍費，外事交往的開支，膠漆器材的補充，再加上車輛甲冑的修護，每天都要耗費鉅額金錢，具有這樣巨大財力和物力之後，十萬大軍方能啟程出征。」

## 決定只有你才擁有的主力武器

時至今日，即使是稱霸國內的企業家，若是不打入國際市場，便算不上是真正的勝利者。如同軟體銀行的社長孫正義為了成為全球資訊科技龍頭，接二連三地併購其他公司，我們也該開始把「這個時代的商務人士必定得跨足國際市場」當作常識來看。

不論規模大小或產業種類，每一位企業經營者，乃至於律師和學者等，都必須把「如何在全球規模的市場勝出」列為最大課題。而身為東洋思想研究家的我，即使已經六十，仍舊一直在研擬讓這門學問普及全世界的策略。

《孫子兵法》〈作戰〉篇裡的諸多智慧，非常適合全球化時代下的商務人士。接下來就讓我從本篇開頭的段落開始說明。

兩手空空便想到國外闖天下的人，只能稱之為匹夫之勇。光憑著一股「接下來是亞洲的時代！」的衝勁，事先不想清楚自己有什麼能力跟強項可作為武器，認為「先搶先贏，船到橋頭自然直」的話，原本可以順利進行的計畫，也會被你搞砸。

舉例來說，有一位律師打算去國外發展。可是，他預計前往的國家，當地想必早已有成千上萬的律師，光靠專業的法律知識，肯定不足以應戰。

所以，在專業知識之外，他還必須配備其他專長才行。如果他能向客戶強調：「我長期擔任多家企業的顧問律師，累積了許多知識與經驗，可以為考慮拓展事業到日本的國外公司提供諮詢。」由於國外較缺乏精通日本法律和商場文化的律師，他的勝算自然跟著提高。

正如同我以上的說明，**你必須先想清楚「自己有什麼其他人都不會的能力？有什麼絕不輸給任何人的強項？要去的地方是否已存在大量競爭者？」**再決定自己的主力武器。這一點相當重要。如果你現在沒有可做為主力的武器，便得先好好磨練自己，解決這個問題，再考慮前往國外發展的事。

## 成功的祕訣：對調第一專長與第二專長的主配角地位

其實，並非接下來要開拓全球市場的人，才必須具備第二專長。我經常告訴別人：「第二專長才是重點。」這話怎說呢？

我舉個例子。某位認識的朋友前來找我諮詢：「我的女兒畢業於英文系，在國外留過學，英文能力非常好，所以她想以這個強項決勝負，進入外商或翻譯、口譯公司工作。」

我的回答是：「最好勸她放棄。那些地方根本不缺精通英文的人。除了英文，你的女兒還擅長什麼項目？」

在這裡，英文以外的擅長項目，就是所謂的「第二專長」。

以這個例子來說，對方的女兒對時尚也有興趣，學習過不少相關內容，所以我建議他「讓女兒進入時尚業界，然後在那個業界活用自己擅長的英文」。這樣一來，不但競爭對手減少了，使用英文提升自身價值的機會，也將大幅增加。

我自己也是如此。我長期以來從事的商業諮詢服務，其實是「第二專長」，第一專長則是中國古典思想。也就是說，我踏進能夠發揮「第二專長」的業界，在那裡活用我的「第一專長」，才有辦法得到現在的成果。

**對調第一專長與第二專長的主配角地位，是邁向成功的祕訣之一。絕大部分的人只想著發揮第一專長，使寶貴的能力被埋沒在眾多高手之中，始終無法得志。**

進軍國外也是同樣的道理。不要只用一種能力做為武器，最好多準備一種能力，好好思考如何運用這兩者。

原則上，**應該將「第一專長」作為輔助。即使是最擅長的項目，若是該領域有很多對手，還是避免跟他們競爭為上策。**

當然了，倘若你有信心一路過關斬將，大可利用這個機會好好表現。

只不過，就算是一流的證券分析師或全球頂尖的外交官，若是擁有相聲、鋼琴等其他專長，也可以成為一大賣點。不管怎麼說，第二專長只會讓你的身價更高，絕對不會吃虧。

## 打造能專心事業的環境，才能發揮主場優勢般的水準

對商務人士而言，外國的環境跟國內截然不同，所以屬於「客場」，而非「主場」。小自時差造成的疲勞、晚上因為不習慣枕頭而失眠，大至交通安排或餐廳訂位等瑣碎的雜務安排，乃至語言不通，影響我們專心事業的障礙，實在太多了。有時狀況不佳，甚至只能發揮三成的實力。為了避免這種情形，我們必須在出發前，盡可能在當地準備好跟國內相仿的工作環境。

舉例來說，多帶一些自己慣用的日用品，以及喜歡品牌的茶、酒、咖啡；睡覺會挑枕頭的人，不妨把自己的枕頭、睡衣、盥洗用具一併帶去；另外還有常吃的點心、零嘴、喜歡的音樂CD、電影DVD等等，不要嫌這些東西會增加行李重量，只要有助你放鬆身心，絕對有攜帶的價值。

最重要的一點，是雇用能隨時跟你保持聯絡，幫忙打點工作大小事的可靠助理。聘請這

樣的人固然需要一筆錢，不過早在兩千五百年前，孫子便用「日費千金」來闡述「財政是國防的關鍵」，所以千萬不要捨不得投資。

那些在全世界活躍的成功人士們都說過，為了讓自己在國外也能像在國內一般活動自如，他們耗費相當大的苦心。讓國外變得像國內一般，也就是把客場變成主場。如果能做好這一點，不論前往世界上的任何角落，你都能發揮出平時應有的水準。

兵聞拙速，未睹巧之久也；夫兵久而國利者，未之有也。
不盡知用兵之害者，則不能盡知用兵之利也。

# 臨戰必備心態：
# 避免長期作戰，事先設想「失敗的狀況」

一旦戰線延伸到國外，地利優勢皆被對手占盡。為了避免對方打長期戰，我方應該迅速行動，掌握主導權。我們在作戰時，腦袋只會想著如何取勝。事實上，先瞭解「在什麼情況下會失敗」也同等重要。明白何為不利，才有辦法擬定有利的作戰策略。

孫子對策：「用兵只宜平實迅速，切記不可逞巧持久，從未聽過長時間用兵作戰，還能對國家有益的事。無法徹底理解用兵的害處，就不可能真正瞭解用兵的益處。」

## 集中資源壓制對手，搶下主導地位

深入陌生的外國，最忌諱的正是陷入長期戰。對你的對手而言，外國就是他的主場，跟待在自己家一樣舒適；對你來說，卻有如借宿在旅館，如果只是短暫停留，或許還沒有什麼問題，要是日子一久，將使身心愈來愈疲乏，鬥志逐漸熄滅，耗費的成本也不斷增加，可說是百害而無一利。

一旦落入這般處境，孫子只能告訴你：「就算是思路再清晰的傑出策略家，恐怕也沒辦法改善情況。」

**因此，在國外做生意的鐵則是「短期決戰」。即使多少得吃點虧，也要採取行動，使出所有能動用的力量壓制對手，取得勝利。這才是上上之策。**順利迅速掌握主導權之後，不論是跟對方談判或做什麼，都能順著我們的意思進行。

這就是孫子的名言——「兵聞拙速」。

一般人常把這句話解釋成「雖然準備得不充分，還是匆匆忙忙地趕著開始」。這其實不太正確。孫子真正的意思是：「凡事務求迅速，在開戰初期便取得勝利，掌握主導權，速戰速決。」

還有一點要謹記在心：**不要跟對手的強項硬碰硬，避開他們的主力，從較弱的地方開始進攻**。例如不挑戰對方的主打商品，從次要商品開始搶攻市場。不先把敵軍的內外壕溝填平，正式決戰時便不會有勝算。

再提到收購公司。如果欲收購的公司只打算賣出一部分，不肯放棄本業，你卻在交涉時堅持連同本業一起買，將使談判陷入僵局。在對方視為公司命脈的事業上打轉，很難談成什麼結果。要是雙方這麼僵持不下，很有可能讓另一家公司趁虛而入，迅速買走原本欲收購的部分，導致兩頭皆落空。

**談判的時候，從比較容易談成的部分切入，是收購的一項技巧。**

## 牢記「失敗的典型」，也是獲得成功的關鍵之一

「要怎麼做才能讓事情順利進行、得到勝利？」

幾乎所有人在擬定戰略時，都聚焦於這個問題上。模擬勝利這一點，確實相當重要。

然而，光是這樣並不足夠。

「什麼情況下會敗北、輸掉戰鬥？」

## 063 牢記「失敗的典型」，也是獲得成功的關鍵之一。

事先設想好失敗的典型例子，也是不可或缺的一環。明白各種不利的情況，才有辦法正確理解「想讓事情往有利的方向發展的話，應該怎麼做」。再說，倘若我們只知道勝利的典型，一旦情勢稍微對自己不利，便會失去方寸，開始陷入混亂。

以這一點來說，瞭解失敗典型的人便知道要保持冷靜，立刻把船舵切回正確航道，以免失敗成真。活躍於美國職棒大聯盟的鈴木一朗選手，就懂得這種思考方式。他有一句名言道：「**低潮反而讓我表現得更好。**」鈴木一朗深信，低潮期正是讓他成長的一大要素。

再說明得詳細一點，鈴木一朗選手陷入低潮時，不管怎麼揮棒，都只敲得出平庸的球對吧？可是他認為，**成功的關鍵正藏在那些堆積成山、看起來毫不出色的打擊裡**。換句話說，**他會學到很多「打不出好球」的情況，並且分析其中的原因**。

鈴木一朗選手的優秀表現，無疑是烙印在腦海的失敗經驗賜予他的禮物。這種想法在商場上同樣適用。

國之貧於師者遠輸，遠輸則百姓貧。近於師者貴賣，貴賣則百姓財竭，財竭則急於丘役。智將務食於敵。

# 聰明的作戰方式：讓專家為你效力，不須每場親自迎戰

我們固然要有接受挑戰的氣概，但若自身實力不足以勝任該工作，或遇到不擅長的領域，也不應該勉強自己接受。勉強接下的工作只會讓你跌跌撞撞，失敗時受到特別強烈的打擊，日後想揮別陰霾，重新振作，絕不是易事。增進自己在該領域的能力，才是第一要務。自己不擅長的領域，可能是另一個人的強項。學會懂得利用該方面的專家，也是在累積你自身的實力。

孫子對策：「國家之所以因作戰而貧困，是由於軍隊遠征，不得已要運送糧秣給遠方軍旅。長途運輸將導致百姓貧窮。駐軍附近物價飛漲，則導致百姓物財枯竭，賦稅與勞役必然加重。因此，高明的將領，一定要在敵國境內解決糧草問題。」

## 不擅長的領域，無須勉強應戰

一般而言，工作會主動找上看似有辦法做好的人。

但有些時候，也會出現讓人不免納悶「為什麼會找上我」的工作。

委託者想必也有自己的困擾，像是遲遲找不到願意接下工作的人，或是雖然有屬意的人選，但對方開價過高，甚至根本不知道該向誰委託工作……。

這種時候，即使被挑上的人沒有足夠的實力，他們也大多會勉強接受委託。因為他們忍不住打起如意算盤，心想：

「這是賺大錢的好機會。」

「這是跟大公司合作的難得機會。」

「這是認識大客戶的好機會。」

即使明知自己能力不足，還是因為「不做會吃大虧」的念頭，而勉強接下工作。

不過，這個觀念是錯的。因為，貿然接下反而會讓你吃大虧。

試想看看：你既沒有勝任該工作的實力，也沒有相關經歷，挑戰程度遠遠高出自身能力範圍的不擅長領域，可以說根本沒有勝算。

這是顯而易見的結果。而且，這個失敗不是單純的失敗，你將受到挫敗感的苛責，從此產生心理陰影，久久無法揮別「再次失敗該怎麼辦」的憂慮。

除此之外，委託客戶跟周遭的人也可能對你烙上「沒用」的印記，留下不良印象。

不管從哪個角度看，為失敗付出的代價都太大了，而且要重新振作起來，簡直難如登天。除了「失敗成性」的毛病，你什麼都得不到。

因此，**遇到不擅長領域的工作時，不要急功好利而貿然挑戰。先好好培養自己的實力，等待下一個機會到來，再信心滿滿地接下委託，才是聰明的選擇**。

## 你無須樣樣精通，活用人脈，讓專家為你工作

我們固然必須努力減少自己不擅長的領域。但是，我們也不可能把所有領域都磨到精通。這個時候，如果認識的人當中，有人擅長你不太會的東西，你會怎麼做？是否可以尋求對方的幫忙呢？**在各式各樣的領域建立人脈，即可彌補自己不足之處**。

也就是說，「**人脈**」**同樣是實力的一環**。假設你不擅長這個領域，但是朋友A可以提

供協助，不擅長那個領域，有朋友B能夠幫忙，另外一個領域還可以找朋友D……如此這般，運用廣大的人脈補強己身不足之處，跟他們合為一體，不論遇到什麼樣的工作，你都有辦法解決。

這就是孫子說的「務食於敵」。

雖然我自己沒有相當優秀的實力，在我的學生當中，卻不乏跟世界級大人物熟稔的大學教授、精通經濟局勢的金融機關高層等，在各領域出類拔萃的人物。

多虧這些人告訴我的知識與資訊，周遭的人總是驚訝於我的消息之靈通。為不同領域的人講授古典思想的課程，著實帶給我許多好處。

話雖如此，並非任何人都願意成為自己的夥伴，其中一定牽涉到付出與回饋的問題。**我們首先要成為某個領域的佼佼者，才能憑藉這份實力，讓大家樂意提供協助。**

在這個商業逐步全球化的時代，我們必須具備的專業，其範圍之廣，完全不是過去所能比擬。可是，這麼多的專業領域，早已非一己之力能夠應付。

所以，我們應該更加精進擅長的領域，將自己磨練成任何人都不想錯過的人才，如此一來，別人也會樂意助你一臂之力。

殺敵者，怒也；取敵之利者，貨也。故車戰，得車十乘以上，賞先得者，而更其旌旗，車雜而乘之，卒善而養之，是謂勝敵而益強。

# 最愚蠢的作戰方式：雙方撕破臉，不歡而散

競爭當下，各有立場，即使雙方因為意見衝突而不合，最後也應該握握手，好聚好散。以長遠的角度來看，最好還是為人際關係留一條路。不要把對手攻擊到體無完膚。以不會產生傷害的方式，吸收對手成為自己的盟友，將他擁有的一切變成自己的東西，才能使你愈來愈強。

孫子對策：「要士兵勇敢殺敵，須激起其敵愾之氣；要士兵奪取敵人之物資，須以繳獲的財物作為獎賞士卒。比如在車戰時，能奪取敵軍十輛以上，應當獎賞最先搶得戰車的人。奪得的戰車要立刻換上我方旗幟，編入我方車隊使用。要善待俘虜，讓他們有歸順之心。這就是既戰勝敵人而又使自己壯大的道理。」

## 商場上沒有永遠的敵人

朝日電視台有個專門在半夜播放的談話性節目（指「朝まで生テレビ！」，中文直譯為「現場直播到天亮」。該節目固定於每月最後一個週六的半夜一點二十五分至四點二十五分播放），主持人田原總一朗先生會引導評論家、政治人物、企業家、新聞記者等十名左右的來賓，進行激烈的脣槍舌戰。看他們堅持各自的主張，激動得有如「殺敵者，怒也」的寫照，我總是忍不住好奇：節目結束後，那些人會不會扭打成一團？

事實上，根據我聽到的消息，在大多數情況下，他們非但不會撕破臉，還成為相當要好的朋友。之所以能夠如此，大概是他們在討論的過程盡情表達各自的想法，逐漸釐清彼此的異同之處，反而使腦袋冷靜下來吧。

再者，他們也會發現「啊，原來還可以那樣思考」、「那個人知道得真詳細」，甚至邀請對方：「下節目後一起去吃點東西，講一些更詳細的內容給我聽。」從此成為要好的朋友。

這應該就是所謂的「不吵不相識」吧。**不論是在商場或日常生活中，即使因為彼此意見或想法不合而發生衝突，最後也應該握手言和，告訴對方：「今天我上了寶貴的一課」、「你的見解也很有道理」**。如此一來，這一次衝突說不定將成為日後建立良好人際關係的契機。

最糟糕的情況，是把對方駁得體無完膚，或是互相謾罵，最後撕破臉不歡而散。你們之間的關係將到此為止，除了不愉快的經驗，什麼也沒有留下。

為了避免這種情況，**請你隨時提醒自己保持冷靜，好好聆聽對方怎麼說，努力把他擁有的能力、知識和智慧，變成自己的東西**。這正是孫子所說的「取敵之利」。

## 分出勝負後，將對方延攬到自己的陣營

贏得戰爭的那一方，可以把敵方的一切納為己有。土地、建築物之類的當然不用說，連戰車、武器，到殘留的兵卒將領，都會成為自己的戰力。

照這樣思考，便可以知道在戰爭中恣意砍殺敵軍、毀壞物品非常要不得。**盡可能不造成傷害，將對方納入麾下，才能大幅提升自己的戰力**。商場上的戰爭也是相同道理，我們不是擊敗對手就好。**在競爭中取得勝利固然是第一要務，分出勝負後，也要記得將對方延攬到自己的陣營**。

我以過去經營設計公司時發生的事情為例。有一次，我們跟某間中國的公司競圖，最後

由我方勝出。不過，中國的那間公司同樣很優秀，就連身為對手的我，也忍不住想大大讚美他們一番。

於是，我產生將那間公司吸收為戰力的念頭，待激烈的競圖告一段落，一切恢復平靜，我親自前往上海，與該公司的社長會面，開頭便說：「我想就生意上的事情，跟你好好談談。」我們談了很多，也發現雙方意氣相投，最後，那位社長真的成了我們公司的員工。該社長率領的三十名優秀員工，以及國內外的辦公室，都等於納入我的麾下。我不用辦理繁瑣的併購手續，沒耗什麼力氣，便大幅強化了自己公司的戰力。

這種勝利，才是最好的勝利法。在戰場上，不要把眼前的對手視為敵人，淨是想著怎麼消滅他。當你的對手愈優秀，愈應該思考如何在戰勝他之後，把他拉為自己的盟友。

優勢對策09

知兵之將，民之司命。國家安危之主也。

# 成功的捷徑：跟隨立志成為「頂尖」的上司

理想的上司擁有務實的戰略，以及能夠成為頂尖的運氣和實力，你應選擇這樣的人為他效力。你能夠成功與否，取決於你追隨的是什麼樣的人。成功的最快途徑就是：跟隨以「頂尖」為目標，而且有策略跟力量實現夢想的人，自己也朝著同一個目標努力，成為「一人之下、萬人之上」。

孫子對策：「一個深知兵法的將帥，能掌握人民的命運，也是國家安危存亡的主宰。」

## 你應該追隨「相信自己絕對會贏，且有辦法證明這一點的人」

在你的心目中，什麼樣的人才算是「理想的上司」？

每個人對這個問題的看法各有不同，有人認為是「有能力的人」，有人認為是「成功時把功勞歸於下屬，失敗時一肩扛起責任」的人，也有人認為是「具備領導能力」的人。

這些答案的觀點都很不錯，但我覺得還是不夠。

**關於何謂理想上司，我心目中的答案是經營之神松下幸之助先生挑選人時的基準——「運氣夠強的人」**。

這無疑是一句名言，只要反向思考，便能馬上瞭解其中的道理。假如你跟隨的上司，是一個運氣不怎麼好的人，你覺得會發生什麼事？

**孫子也提過，你應該追隨的上司，應該是「相信自己絕對會勝利，而且有辦法證明這一點的人」**。

這讓我想起歷史知名人物豐臣秀吉的弟弟，豐臣秀長。

豐臣秀長認為自己比較適合當老百姓，遲遲不肯加入秀吉麾下。後來在豐臣秀吉連拖帶拉之下，他終於做好覺悟：

「哥哥將來會成為天下第一的將軍，到時候我就是天下第二。好，就跟隨他吧！」

這樣的想法非常重要。

**天下第一也好，世界第一也罷，跟隨以「頂尖」為目標，而且確實有策略跟力量實現的人，自己也朝著同一個目標努力，是成為「一人之下、萬人之上」的最快途徑。**

大家常說：「下屬沒有挑選上司的資格。」實際上並非如此。即使在現實中，自己跟隨的上司缺乏能力，在「假想」的世界裡，想跟隨哪一個上司，總沒有人管得著吧？因此，請你一定要找到孫子所說的「理想上司」。

# 謀攻

第三堂課

取得勝利的戰術

## 用兵最高境界：「保存實力，不戰而屈人之兵」

〈謀攻〉就是謀劃如何進攻敵人，戰勝敵人的意思。

作戰用兵，殺伐激烈，無論得勝一方或失敗一方，皆難以避免重大傷亡損耗。

這一堂課，孫子將告訴你：如何「不戰而屈人之兵」，保全自己實力，獲得完整戰果。

因應雙方戰力差距大小，應該分別使用的五種戰術；

想讓能力完全發揮，平時就要注意的兩件事；以及分析敵我戰力時必須具備的關鍵心態。

百戰百勝，非善之善者也；不戰而屈人之兵，善之善者也。故上兵伐謀。
善用兵者，屈人之兵，而非戰也；拔人之城，而非攻也；毀人之國，而非久也。

# 最高明的戰鬥方式：
# 開戰前先剪除對手的競爭心

戰鬥時，我們必須思考，如何在雙方都不受傷的情況下獲勝。因為，不論誰輸誰贏，雙方都必須耗費大量時間跟勞力才能恢復。最好的勝利方式，是不用戰鬥便分出勝負。找出除了你之外，再沒有其他能手的「獨擅領域」，即可消除戰鬥的必要。

縱使真的戰鬥，也要避免演變成長期戰。戰爭開始前，先確認對手的意志。若對方打算戰鬥，便要想辦法消滅那個念頭。最好趁對方戰意萌發之初，立刻予以摘除。

孫子對策：「百戰百勝，算不上是最高明的。不用交戰就降伏敵人，才是最高明的。所以，用兵最上策就是用謀略挫敗敵方的戰爭意圖。善於用兵的統帥，不打仗就使敵人屈服，不攻城就取得敵人城池，不需長期作戰就能摧毀敵國。」

## 077 最高明的戰鬥方式：開戰前先剪除對手的競爭心。

### 戰爭只會兩敗俱傷，應尋求管道避免戰爭發生

按照常理思考，沒有比「百戰百勝」更棒的事。然而，孫子卻說：「這種事根本不值得讚美，而且相當危險。因為代表現實當中，真的發生了戰爭。」

既然真的發生戰爭，雙方便不可能毫髮無傷。不只是真正的戰事，商場上的爭奪、日常生活的衝突也是如此。一旦發生衝突，雙方免不了受到傷害。就算最後獲得勝利，也會因為傷害對方而遭到怨恨，對方更可能誓言「總有一天要討回來這筆帳」，因而埋下了新的衝突火種。

再說，獲勝的一方也不可能全身而退。戰敗國蒙受了毀滅性的摧殘，而戰後復興的工作一向是由戰勝國扛下，所以無論是什麼樣的衝突，辛苦的善後工作都會被推到贏家身上。

比方說，為對方治癒身心受到的傷害，以消弭怨恨、提供經濟上的援助……等，善後工作事多繁雜，還得付出相當大的金錢與勞力。因此，絕對要避免戰爭。

當然，人生就是一場戰爭，為了贏得這場戰爭，我們當然需要競爭意識。

只是，**在實際戰鬥之前，我們應該先尋找避免雙方受到傷害的獲勝方法，亦即避開戰爭，尋求溝通的機會，藉此分出勝負。更進一步說，我們應該讓對方欣然將勝利拱手讓出。**

接著，就讓我們來看看，有什麼樣的具體方法。

## 一開始就要讓對手覺得「跟他們打沒有勝算」

「天下難事，必作於易；天下大事，必作於細。」這句話出自老子《道德經》，其意為：不論再天大、再困難的事，源頭其實都很渺小，輕輕鬆鬆就能解決。戰爭也是同樣的道理。這等大事絕非某個人心血來潮，哪天突然說開戰便開戰。**只要儘早摘除對方剛萌生的鬥爭之心，即可防患未然，避免鬥爭真的發生。**

所以，當我發現對手公司盯上同一個客戶時，我會馬上去跟他們的社長或負責人員見面，確定對方是否真的打算跟我們搶。

這種時候，切記要卸下身上所有的武裝。先前我也說過，讓對方覺得你沒什麼了不起，鬆懈下來後，自然容易吐露內心的真實想法。

經過充分交談，打探出對方確實打算一戰的話，此時就要馬上改變態度，不再對他們客氣，用各種方法盡可能強調自己是身經百戰的強將，過去曾打敗過無數對手，成功搶到客戶。此外，還要明確讓對方知曉：「我們早已將你們的弱點研究透澈了。」這麼一來，對方的態度也將大幅轉變。

接著，還要搬出佐證用的數據資料，說服對方「這場戰鬥你們不但耗費力氣，也得不到什麼好處」。**一開始便讓對手認為「跟他們打沒有勝算」，正是孫子所說的「伐謀」**。

利用這個方法，便能在戰鬥開始之前，讓大部分的對手知難而退。

## 戰略三大原則：「非戰、非攻、非久」

在本篇中，孫子提出「非戰、非攻、非久」三項原則，將三者視為戰略的基礎。

第一項「非戰」。如同先前段落所提，我們應該尋找不戰而勝的方法，而不能讓戰鬥發生。**不論是在商場還是人生，若希望不戰而勝，關鍵在於擁有其他人模仿不來，只有自己才會的專長項目。世界上不會有人明知沒勝算，還主動上前挑戰**。

第二項「非攻」。意思是不可憑力量上的優勢主動發動攻擊，對於贏得了的對手更是不在話下，根本沒有主動進攻的道理。戰爭應該是破壞對方的糧草，或者用水攻等方式進逼，然後等待敵方自己瓦解。

換成商場也一樣，利用自己壓倒性的實力，讓對方陷入不利的狀態即可。

第三項「非久」。意指實在避免不了戰爭時，至少也得避免長期戰。

無論是商場上的競爭，或人際關係的糾紛，長期戰只會使雙方陷入泥沼，加速身心兩方面的疲憊。因此，在開戰初期便要使出全力取得優勢，搶下主導權，速戰速決。

用兵之法，十則圍之，五則攻之，倍則分之，敵則能戰之，少則能逃之，不若則能避之。

# 當對手戰力遠遠勝過我方，「逃避」也是一種戰術

配合對手的力量強弱，要使用不同的戰法。特別是遇到實力遠高於自己的對手時，沒有必要硬戰，「迴避到底」才是上上之策。

孫子對策：「用兵作戰的原則，有敵人十倍的兵力就包圍敵人；有敵人五倍的兵力就進攻敵人；有多於敵人一倍的兵力，要設法使敵人的兵力分散；與敵人兵力相當，要根據情況決定能否開戰；兵力弱於敵人，就要避免作戰。」

## 「三十六計，走為上策」不爭一時長短，才是明智做法

我在第一堂課〈始計〉篇曾提過，戰鬥前應該先仔細評估對手的力量，從七種角度判斷彼此的差距。

接著，你必須先設想好，萬一實力遠超過自己，不可能贏過的對手上前挑戰時，應該採取什麼樣的策略。

其中你一定要知道的，是「少則逃之」這種戰法。

在一般人的觀念中，逃避是懦弱的行為；即使知道贏不了，仍然抱持「寧為玉碎，不為瓦全」的覺悟猛衝的「特攻隊精神」，則被認為是高尚的情操。

可是，請你冷靜思考看看。這真的是有勇氣，抑或只是單純的魯莽？

孫子曾言：「**當對手的力量占壓倒性的優勢，你明白自己沒有絲毫勝算，卻仍執意與他對抗的話，算不上什麼戰略。**」想跟那樣的對手戰鬥，時機仍然太早。

翻開中國歷史典故，也找得到「三十六計，走為上策」這句記載。與其絞盡腦汁思索策略，不如先逃再說。把力氣保留下來，好好增進自己的實力，等日後凌駕於對手之上，才是聰明的辦法。

這種戰略的目標是「獲得最終的勝利」。逃避絕對不代表懦弱，請把它視為在將來得到勝利的重要戰略之一。

另外你還要注意一點：**不要戰到最後一刻，力氣完全用盡**。把自己弄得筋疲力竭，你將很難重新振作起來。這種行為純粹是在浪費力氣。

組織之間的競爭也是同理。如果對手的公司很明顯占盡優勢，還是趕快離開戰鬥舞台，好好養精蓄銳，待累積足夠實力再捲土重來。

一旦在戰爭中敗北，殘兵敗將悉數淪為俘虜。同樣的道理，自己的公司敗下陣的話，一切都有可能被對手接收過去。因此，就算拚命硬撐，也不會有什麼好結果。請你務必謹記這一點。

## 事先評估敵我戰力差距，再選擇戰術

在這個段落，孫子還針對敵我雙方的其他四種力量差距，說明應該採取的策略。

## 差距一：「十則圍之」

**己方力量為對方力量的十倍，擁有壓倒性的優勢時，應該由四面八方包圍，讓對手放棄抵抗。**

關於具體做法，首先要調查對方背後的靠山，以及跟他親近的人，跟這些人取得聯繫，請他們協助調停。這麼做的意義，是用隱晦的方式讓他們告訴對方：「我們擁有壓倒性的優勢。」透過媒體宣傳也是一種方法。

如此一來，對方便明白雙方的實力落差，湧起放棄的念頭，喪失戰鬥下去的意願，從而避免不必要的戰爭。

## 差距二：「五則攻之」

**己方力量是對方力量的五倍時，必須讓對方認清自己的實力到哪裡。**

以劍道來說，很多人會發出「我很強喔」的豪語，但一上場比試幾下，立刻被發現其實弱得要命。你的對手也一樣，他可能以為你只是隨便說幾句嚇唬人，所以得給他一點顏色看看，才會曉得你的厲害。

## 差距三：「倍則分之」

**己方力量高出對方力量一倍時，要兵分兩路，包抄敵人。**

例如商店之間競爭業績時，除了發動猛烈的促銷攻勢，還要挖角對方的頂尖業務員，造成雙重打擊，迫使他們舉白旗投降。

## 差距四：「敵則能戰之」

**要是雙方的力量呈現五五波，分出勝負的方法唯有實際一戰**。孫子認為，平日便應該勤加累積實力，避免這種情形發生。

以上四種加上前面提到的「少則逃之」，共有五種戰術。在商場或人際關係上，不妨先評估雙方的實力差距，再決定使用哪一種戰術。

## 因應敵我戰力差距的五種戰術

| 項目 | 意義 | 因應戰術 |
| --- | --- | --- |
| 十 | 己方的力量為對方的十倍，擁有壓倒性優勢 | 讓對手明白雙方實力落差，放棄抵抗 |
| 五 | 己方的力量是對方的五倍 | 給對手一點顏色看看，讓他認清你的實力 |
| 倍 | 己方的力量高出對方一倍 | 兵分兩路，包抄敵人，給敵人雙重打擊 |
| 敵 | 雙方的力量呈現五五波 | 實際一戰 |
| 少 | 對手的力量占壓倒性優勢，沒有絲毫勝算 | 逃避作戰，先累積實力 |

夫將者，國之輔也。輔周則國必強，輔隙則國必弱。

# 除了磨練能力，也要具備實踐才能的行動力

具備各式各樣的能力，才能成就一件事。每一項能力都要磨練到精通，彼此之間還要相互關連，才能在工作現場百分之百地發揮出來。不過，光是擁有這些能力仍然不夠。你還必須具有充沛的體力與力氣，才能靈活運用這些能力，使其發揮最大的效果。

孫子對策：「將帥是國家的輔助。輔助的謀劃縝密周詳，則國家必然強大，輔助的謀劃疏漏失當，則國家必然衰弱。」

## 領導者必定奉行的原則：尊重專業，賦予權限給最瞭解現場的人

孫子在這段話中提到：「故君之所以患於軍者三：不知軍之不可以進而謂之進，不知軍之不可以退而謂之退，是謂縻軍；不知三軍之事而同三軍之政，則軍士惑矣；不知三軍之權而同三軍之任，則軍士疑矣。」意即：國君對軍隊的危害有三種：不知道軍隊不可以前進而下令前進，不知道軍隊不可以後退而下令後退，這叫做束縛軍隊；不知道軍隊的戰守之事、內部事務而同理三軍之政，將士們會無所適從；不知道軍隊戰略戰術的權宜變化，卻干預軍隊的指揮，將士就會疑慮。這段話被許多領導者奉為圭臬。

以經營企業為例，身為最高負責人的社長，跟管理現場的負責人同心一體，這間公司一定會壯大。**這段話要說明的，是社長將最瞭解工作現場、值得信賴的負責人視為左右手，賦予他權限之重要性。說得更具體一點，社長不應該對現場負責人的工作多加置喙。**

如果現場負責人要求「耐心等待」，社長卻蠻不講理地說「我不管，繼續進行」，或者現場負責人決定動工，社長卻從旁踩煞車，再不然，社長明明不瞭解現場的情況，還不尊重負責人的專業，一下指揮這個，一下干涉那個……這樣的組織一定會變得一團亂，從內部開始傾頹。孫子所警告的，正是這種情況。

## 充實的氣力和體力，給你完全發揮才能的行動力

接下來，把這段內容代換成有能力的人與能力之間的關係，再看一次這句話。不論從事任何工作，若想成為其他人比不上的專家，必須具備形形色色的能力。以行銷人為例，要當一位出色的行銷人，首先必須具備的能力，便是瞭解如何確實調查市場動向、產品、價格、宣傳、銷售、通路，再加上計數分析能力、解讀個體經濟與總體經濟的能力、從大量個案研究累積的現場指揮能力、簡報能力。若是將目標放在國外市場的人，還要有等同母語程度的英文能力……照這樣看來，需要的能力真的非常多。

而且，每一項能力都要磨練到精通，彼此之間還要相互關連，才能在工作現場百分之百地發揮出來。這即為孫子所說的「周」，要像車輪一樣，每條輪輻既能獨立工作，又能集合起來，發揮強大的推進力。

擁有這些優秀的能力後，你可能覺得已經準備得相當充分了。可是那樣仍然不夠。究竟還缺少什麼呢？你的身體就像一座司令塔，為了使這些能力徹底發揮出來，你還必須培養自己的氣力跟體力。

好不容易學到這麼多優秀的能力，要是你的健康狀況不佳、始終擺脫不掉疲勞與困頓，光是應付身體的大小問題便來不及了，遑論把工作做好。

不培養健康有活力的身體，等於親手抹殺學來的能力；信心若不足，做什麼事都會戰戰兢兢、神經兮兮，白白浪費一身的能力。唯有擁有充沛的氣力，才能將能力完全發揮出來。

況且，**即使能力稍嫌不足，只要具備足夠的氣力，還是有可能爆發超越實力的力量。**

總結以上幾點，可知道在工作上獲得成功的要訣，不僅是磨練自己的能力，還要有實踐能力的行動力，以及促使自己行動的氣力跟體力。否則，空有一身優秀的能力，也只會被白白浪費掉。

優勢對策13

知己知彼，百戰不殆；不知彼而知己，一勝一負；不知彼，不知己，每戰必殆。

## 分析敵我戰力時，切記「嚴以律己，寬以待人」

從客觀角度正確評價自己與對方的能力，有助於提升戰略的精確度。尤其是評價自身的能力時，應該特別嚴格。用嚴格的標準來評估自身能力，能幫助我們思考如何隱藏自己的弱點，或是以其他強項彌補，讓自己成為「沒有破綻的強者」。面對強勁的對手時，也應該清楚掌握他的能力，更要「高估」對方，才能做好萬全準備。

孫子對策：「瞭解敵人也瞭解自己，每一次戰鬥都不會有危險；不瞭解敵人，而瞭解自己，那麼可能勝利也可能失敗；既不瞭解敵人，又不瞭解自己，那麼每次作戰必有危險。」

## 戰爭大忌：「把自己看得太高，把對手看得太低」

人們都有「嚴以待人，寬以律己」的通病，因此在評價彼此的能力時，容易把別人看得太低，把自己看得太高。要是不改掉這個習慣，便無法在競爭中獲勝。

所以，我們必須養成相反的思考方式，也就是「嚴以律己，寬以待人」。**縱使千百個不願意，面對強勁的對手時，也應該清楚掌握他的能力，更要「高估」對方。唯有如此，我們才能做好萬全準備。**

「嚴以律己」是件難事，很少有人能夠老實承認自己技不如人，往往在不經意間，用寬鬆的標準評價自我。即使是客觀一看便一清二楚的缺點和弱項，也會安慰自己：「反正跟對方比起來，我也沒差到哪裡去。」而不放在心上。

我們只會一廂情願地認為：「我很優秀，不可能輸給任何人。」這麼一來，我們的防備力難免會下降，給了對手可趁之機。

**用嚴格的標準來評估自身能力，能幫助我們思考如何隱藏自己的弱點，或是以其他強項彌補，讓自己成為「沒有破綻的強者」。**

不過，在嚴格地看待自己之餘，切記不可用相同標準，把對手也看得太低，否則勝率會掉到一半左右。要是用嚴格的標準評價對手，而用寬鬆的標準評價自己，則根本沒有獲勝的希望。

用「嚴以律己，寬以待人」的標準評價敵我戰力，才能讓你真的「百戰百勝」。從這個角度去理解孫子的名言，相信你一定可以在客觀的能力比較下，建立準確的戰略。

# 軍形

第四堂課
營造必勝的態勢

## 別想「怎麼贏過對方」，要想「怎樣才不會輸」

〈軍形〉主要論述如何根據我方物資條件、軍事實力強弱，靈活採取攻守兩種形式，
使敵人處處受制，營造必勝的態勢。在這堂課，孫子要提醒我們的是：
擬定戰略時，與其設想「對手會怎麼做」這樣不確定的因素，
不如徹底做好我方能掌握的事，建立完善的部署。同時保持冷靜，分辨攻防的最佳時機。
等做足一切準備與分析之後，就能充滿信心打一場漂亮的勝戰。

善戰者，能為不可勝，不能使敵之必可勝。
故曰：勝可知，而不可為。

# 對手不可能乖乖照我們的意思行動，我們能夠完全掌控的就是自己

與其費心猜想「敵人會怎麼出招」，不如努力思考「自己怎麼做才不會輸」。對手不可能乖乖照我們的意思行動。我們有能力掌控的，只有自己。把當下的自己、當下的人生想成是「谷底」，試著掌握自己的人生，便能打造所向披靡的自己跟人生。

孫子對策：「善於作戰的人只能夠使自己不被戰勝，而不能使敵人一定被我軍戰勝。所以說，勝利固然可以預知，敵人是否有隙可乘，卻不能強求。」

## 別浪費力氣在掌控不了的不確定因素，你有更重要的事要做

預測對手的行動固然重要，但其效果也有極限。我們不可能控制對手，使他們按照自己的意思行動。

話雖如此，**在戰鬥中敗陣的人，十之八九都覺得對手會順著自己的意思行動，並以此為前提，擬定作戰策略。等實際作戰時，發現對方根本不會乖乖照做，才來抱怨「我沒想到他會來這一招」，而束手無策。**這種人原本想掌控對方，卻反過來被對方所掌控。

人際關係也是一樣，超過半數的煩惱與爭端，都是出於對方不照自己預期的方式行動。

「他為什麼要那麼做？」

「按照常理，應該要這樣想、這樣做才對吧？」

大家容易產生這種想法，一旦實際情況跟自己的預期不同，便立刻焦躁起來，心情也跟著不快。

別浪費力氣在自己掌控不了的不確定因素上，你還有其他更重要的事要做。**你有能力掌控的唯一事物，就是你自己。採取行動，打造所向披靡的自己和人生，事情自然會照你的意思發展。**

一定會有人問：「這種事情要怎麼做到？」其中一種答案，就是先前提過的「五事七計」。貫徹五事七計，擬定縝密的人生計畫，增強自己的能力，就可以打造所向披靡的自己，走向永不失敗的人生。

## 時時把「現在已經是最谷底」的念頭放在心上，掌握自己的人生

接下來，我要暫時換個話題，談談自己一直以來實踐的「不倒退的人生」。「所向披靡的自己」換個說法，就是「不會比現在更差的自己」；「所向披靡的人生」即等同「處境不會比現在更糟的人生」。我所做的，就是把當下的自己、當下的人生想成是「谷底」。

假設我現在的年收入是三百萬元，把這個數字當成「谷底」，代表未來的年收入不會低於三百萬，只會往上增加。訂出年收入的谷底後，這筆錢自然會年年增加，從三百萬變成四百萬、六百萬，甚至躍上一千萬元。

為什麼年收入會自動增加？因為我會思考如何讓它增加。此時，我不會依賴別人，而是擬定「靠自己努力往上爬，在最後得到勝利」的戰略，並付諸行動。

在職場上也一樣，將當前的工作內容、成果、自己的地位、人格、人脈、信用等項目定為「谷底」，你的整體能力一定會提升。

覺得不可能那麼順利嗎？事實上就是會那麼順利。

不瞞各位，年輕時期的我，正是活在「老是倒退」的人生中。

起初，我成為一名音樂家，好不容易得到「一流」的評價時，因為手指受傷，事業遭受重創。後來，如同先前曾提到的，我投身電影業，在外國取景時又遇到意外，差點連命都保不住，這對我來說也是一大打擊。在鬼門關前走一遭後，我好不容易重新振作，開設顧問公司，但有好一段時間，完全等不到顧客上門。當然了，這段期間並非完全沒有好事，但從整體上看來，我的年輕時代淨是一連串不幸的遭遇。

有一次，我抱頭苦思，為什麼自己的人生老是在倒退？就在那時，我終於察覺到，因為自己認為事情還會變得更糟，才會繼續落入更深處。

一旦爬到了頂點，最後只有下降一途；但落到最谷底之後，便只會開始往上升。

我用這個簡單的道理，時時把「現在已經是最谷底」的念頭放在心上，試著掌握自己的人生。這樣一來，便能打造所向披靡的自己跟人生，乘著上升氣流飛揚。

不可勝者，守也；可勝者，攻也。守則不足，攻則有餘。
善守者藏於九地之下，善攻者動於九天之上，故能自保而全勝也。

# 沉著觀察敵我情勢，慎選攻防時機

在競爭中敗下陣的，往往是欠缺冷靜的一方。隨時隨地保持冷靜，才是致勝之道。打造「所向披靡的自己」後，接著便是靜待時機到來。發揮耐心沉住氣，等到對手露出空隙時，一舉進攻即可得勝。

孫子對策：「敵人無可乘之隙為我所利用，不能被我戰勝，應採取防守方式；敵人有可乘之隙，能夠被戰勝，則應採取攻勢。防守是因為我方取勝條件不足，進攻是因為兵力超過對方。善於防守的人，隱藏自己的兵力如同在深不可測的地下；善於進攻的人，就像從天而降，敵方無從防備。這樣，才能保全自己而獲得全勝。」

## 「防禦是最好的攻擊」，耐心等待對手露出破綻

我們常常聽到「攻擊就是最好的防禦」。這句話道出了一部分的事實，但是在此之前，還得瞭解另一個道理：「防禦是最好的攻擊」。

以棒球之類的運動為例，築起銅牆鐵壁的防禦陣形，對手便無法進攻得分。這樣做的優點，是能把失分減到最低。要是疏於防禦，即使我方靠著進攻得到大量分數，也可能被失去的更多分數抵消。

**當人們急著取勝時，滿腦子只會想著如何進攻。針對這一點，孫子告訴我們：「應該先鞏固自己的守備。」**

但是，要是不進攻，也沒有獲勝的機會。那麼，我們要怎麼做才好？

**做好萬全的防禦，確保自己不會輸之後，接著便要耐心等待對手露出破綻。**若對方是一個團體，則等待他們自己瓦解。請注意，等待的期間不是用來睡覺或玩樂，你必須提高警覺，做好隨時可以進攻的準備。

我再舉一個更簡單易懂的例子。這是出自古代戰略，關於「泥魚」的故事。

連日烈陽高照，河川跟水池的水也跟著乾涸。這時，魚群會急著到處打轉，尋找有水跟

食物的地方。

不過，泥魚卻選擇鑽進泥中慢慢等待，在補充水分的同時，也積蓄自己的體力。晴朗的日子再長，接連二十天也該下雨了。此時，大部分的魚早已因為體力消耗殆盡，乾涸而死，只剩下泥魚仍然存活。於是，牠得以悠哉地獨享所有食物，不必擔心有其他魚來搶食。

「鞏固守備，靜待取勝的機會」，就是這個意思。

## 最後的贏家，善於處理感情，得以時時維持冷靜

面對競爭比賽，或是跟別人打賭時，人們容易在不自覺中血氣上衝，無法保持冷靜而輸給對方；即便是不用分出輸贏的場合，也會因為感情用事，導致判斷錯誤，事後懊悔不已。每個人想必都有過這樣的經驗。

大部分的人經過這類教訓，都能體認「過於衝動只會壞事」的道理。但另一方面，他們也為自己無法妥善管理情緒所困擾。

在此，孫子提出他的應對方式：「善守者藏於九地之下，善攻者動於九天之上」。時時

刻刻保持冷靜，才能建立這般的攻守態勢。

只不過，他沒有詳細講明「如何讓自己保持冷靜」。

現在，我就來介紹自己曾使用過，讓自己學會控制感情的小練習，以彌補此處的不足。

**當內心湧起一股怒氣時，先別想著要去控制，而是將這股怒氣大大發洩出來，直到心裡覺得舒坦**。如果這次你用了一個星期平息怒氣，下次產生相同情感時，便要規定自己：「好，這次只能生氣四天」。

利用這個方式，使負面情感的持續時間不斷縮短。

最後縮短成一天，甚至是三小時或一小時的話，這項練習便算完成。往後不論遇到多麼生氣的事，你都能在短時間內讓情緒恢復穩定。

**身為人類，擁有喜怒哀樂等各種情緒，是天經地義的道理，一點問題都沒有。若真要說有什麼問題，應該在於持續的時間**。不只是負面情感，快樂之類的正面情感持續太久，也會使人得意忘形，同樣不是什麼好事。

透過練習讓自己盡可能在短時間內恢復平常心，才是讓大腦不受喜怒哀樂影響，隨時保持冷靜的方法。

## 優勢對策16

故古之所謂善戰者，勝於易勝者也。故善戰者之勝也，無智名，無勇功，故其戰勝不忒。勝兵先勝，而後求戰；敗兵先戰，而後求勝。

# 成功者戰無不勝的祕訣：先創造必勝條件，再與敵人作戰

被周遭的人稱讚「辛苦啦，你很努力喔」，代表你還不是什麼了不起的人物。再困難的工作，都能像吃飯喝水一樣輕鬆完成，才是真正的行家。從事任何事情，都要先創造有利的環境，再順水推舟展開行動。漫無計畫地逢山開山、逢水涉水，是成不了任何事的。

請記得要當第一個抵達現場的人，確實做好情境模擬，讓自己居於優勢。

孫子對策：「古代所謂善於用兵的人，只是戰勝了那些容易戰勝的敵人。所以，真正善於用兵的人，沒有智慧過人的名聲，沒有勇武蓋世的戰功，他既能打勝仗又不出任何閃失，原因在於其謀劃都建立在必勝的基礎上，他戰勝的是注定失敗的敵人。勝利者都是先創造必勝的條件，再與敵人作戰；只有失敗者，總是先與敵人作戰，再僥倖求勝。」

## 鈴木一朗完美演出精采接殺，為何反而感到懊惱？

活躍於大聯盟的鈴木一朗選手，面對打得再好的球，他都能接殺讓它成為高飛必死球。他能準確預測打者的擊球路線，移動到能輕鬆接球的位置，所以觀眾看了，不會發出歡呼或掌聲。這時，鈴木一朗選手想必非常高興。身為一名職業球員，接到球是再正常不過的事情，而這也是比賽的醍醐味所在。

換成另一種情況，若是他沒算好擊球路徑，便得整個人撲向球。如果有辦法接到，想必是一場漂亮演出。觀眾看到精采的接殺，一定會很興奮，但一朗只會覺得丟臉得不得了，因為他無法忍受自己差一點接不到球。

**不論眼前的工作多麼困難，照樣能輕鬆達成的人，才是真正的行家。**要是周遭的人稱讚你：「很努力喔！」代表你的火候還不夠。**對他人的讚美沾沾自喜的人，無法成為人生的勝利者。**主動對別人說「我好累」、「我已經很努力了」的人，更是不在話下。這等於昭告天下「自己一點也不成熟」。

在這個段落，孫子用了以下幾種有趣的形容：「舉秋毫不為多力，見日月不為明目，聞雷霆不為聰耳。」舉得起一根頭髮，難道算得上力氣大？看得見太陽跟月亮，難道算得上視力好？聽得清貫耳的雷聲，難道算得上耳朵靈？孫子將每個人都能輕鬆做到的事，與在戰爭中獲勝相提並論，藉以凸顯什麼樣的人才是「會打仗」。

當各位被別人稱讚時，請在心裡告訴自己：「真沒面子，看來我還差得很遠。」這是讓你更上一層樓的契機。

## 善於作戰的人，都是先有了十足勝算，才踏上戰場

每次講解這個句子，我都會告訴聽眾孫子的理論：「先取勝，再作戰。」大部分人聽到這句話，都會懷疑自己的耳朵，納悶：「不先經過戰鬥，怎麼知道是輸是贏？」不過，一路讀到這裡的各位，應該已經明白孫子的意思了吧？

沒有錯，那就是——「**做好準備讓自己絕對不會輸，擁有十足的獲勝把握，再踏上戰場**」。若將狀況換成交涉與做簡報，可以解釋成：「事前做好準備，讓彼此見面的那一瞬間，對方立刻被你的氣勢震懾。」

那麼，我們該怎麼做？最簡單也最重要的方式，是成為那群人之中，第一個早早進入現場或周圍的人，做好萬全的事前模擬，再正式面對對手。有演講的日子裡，我一定會提前一

個半小時抵達會場，在附近散步，順便讓自己冷靜下來，在腦中沙盤推演演講的內容，務求準備得萬無一失。到了演講前的十五分鐘，我再若無其事地進入會場。這個時候，我在每個人的眼中，應該都是一副從容不迫、自信滿滿的樣子。

與人溝通或交涉時也一樣，我一定會第一個來到現場。看到對方比較晚到時，我總是在心裡偷偷高興：「很好，勝負已經很明顯了。」對方一跟我對上視線，馬上開口為讓我久等連聲賠不是，我也因此占得了上風。

**跟其他人共事的時候，千萬不要趕在遲到前一刻才匆匆抵達。一開始便落居下風，會使你失去談判的籌碼。**

# 兵勢

第五堂課

發動必勝的攻擊

## 平時培養實力，
## 才能在關鍵時刻一舉痛擊敵人

〈兵勢〉與前篇〈軍形〉是兄弟篇，「形」意味敵人不可勝我的萬全部署，
「勢」意味著我方必勝敵人的攻擊動作。本堂課中，孫子告訴你培養即戰力的祕訣：
人生的最後贏家，堅持到最後一刻的祕訣在於，他們懂得靈活組合自身的能力；
時常懷抱緊張感，可以讓自身和組織常保行動力；
在關鍵時刻一鼓作氣給予對手痛擊，贏得勝利。

優勢對策17

凡治眾如治寡，分數是也；
鬥眾如鬥寡，形名是也。

# 擅長整理整頓的人，腦袋清楚、工作效率也過人

現代人經常面臨又多又雜的工作。按照先後順序一個個解決，不但浪費時間，也很沒有效率。將眾多雜務分門別類後再處理，可使效率大幅提升，腦袋也會清楚很多。訓練整理整頓的能力，能幫助我們掌握如何把事情分門別類。

孫子對策：「治理人數眾多的部隊，要像治理人數少的部隊一樣有效，是依靠合理的組織、結構、編制；指揮大部隊作戰，如同指揮小部隊作戰一樣到位，是依靠明確、高效的信號指揮系統。」

## 依照工作先來後到的順序一個個處理，只會浪費時間

不少人總是抱著一堆工作忙得團團轉，嘴巴還不斷念著「這個也要趕，那個也要趕」。這種人在孫子的眼中，就是「沒有整理能力的人」。

孫子曾言：「在大型軍隊內部確實建立組織，就能像管理小部隊那般到位。」把軍隊代換成工作，便成為：「**不論有多少工作等著處理，工作能力強的人，都會先分門別類，接著把同類型的工作一口氣解決。這樣一來，效率會明顯提升許多。**」

工作不斷接踵而來，只是按照順序一個接一個處理，或是這件工作做一點，換下一個工作，下一個工作做一點，再換下一個……這些做法只會造成無謂的時間損失，做到後面，你的腦袋也會打結。

用這些方式處理工作，嘴裡喊著「好忙、好忙」的人，代表他欠缺整理整頓的能力。相反的，懂得整理整頓的方法，有效處理工作的人，腦袋也十分清晰，所以顯得能幹。

江戶時代的幼年教育包含一項「灑掃」，訓練幼童徹底學會打掃環境。孩子長大後要領導眾人、面對各種大小麻煩事，所以得具備俐落處理、整頓這些事情的能力。學習灑掃的目的，就是訓練幼童整理整頓的能力，將來才有辦法擔任領導者。

這個道理在現代的商場上同樣適用。如果你小時候沒有學習過灑掃，沒關係，現在還不嫌遲，請立刻開始磨練整理的能力。

## 優勢對策18

凡戰者，以正合，以奇勝。戰勢不過奇正，奇正之變，不可勝窮也。奇正相生，如循環之無端，孰能窮之哉？

# 懂得靈活組合各項能力，讓你成為堅持到最後的贏家

只靠正攻法，不足以讓事情順利進行，還得仔細觀察情勢，做出適時適地的判斷，再展開行動。因此，我們應於平時多方充實能力，在需要用到的時候，才得以自由搭配組合，發揮最大的效果。靈活而多變的應對能力，可以使我們不斷產生新方法，持續行動下去，不會有所侷限。最後，勝利將降臨在「堅持到最後一刻」的那一方。

孫子對策：「大凡作戰，都是以用兵的正常法則與敵合戰，然後順應戰況變化，用奇兵出奇制勝。戰爭中軍事實力的運用不過『奇』、『正』兩種，而『奇』、『正』的組合變化，永遠無窮無盡，如同順著圓環旋轉一樣，無始無終，又有誰能窮盡呢？」

## 即使本身能力不多，活用不同排列組合，就能發揮可觀力量

常看相撲的人都知道，比賽剛開始時，力士總是正面對峙。下一秒，雙方立刻施展正攻法，並且搭配接二連三的各式奇招。他們能夠利用短暫的時間，觀察對手每一個瞬間的狀況，當下判斷用什麼方式進攻。

判斷能力固然是決定勝敗的要素，不過在正式踏上舞台前，請先檢查看看，自己擁有多少能隨心所欲組合施展的能力？即使身為商人，也要像一個剽悍的力士才行。

**做為核心的能力，三個到五個便足夠，但我們還得讓這些能力產生無窮的變化性。說得簡要一點，即是具備豐富的行動模式，讓自己遇到任何情況，都能靈活處理。**

在本段中，孫子用樂音、色彩、味道來比喻這種靈活度：

「聲不過五，五聲之變，不可勝聽也。」（音階不過宮商角徵羽五種，組合起來卻能呈現千變萬化的旋律。）

「色不過五，五色之變，不可勝觀也。」（原色不過藍紅白黑黃五種，互相混合卻能產生繽紛多樣的色彩。）

「味不過五，五味之變，不可勝嘗也。」（味道不過酸甜苦辣鹹五種，配在一起卻能變出嘗之

不盡的滋味。）

我們可以由此明白，即使本身擁有的能力不多，藉由彼此排列組合，能夠發揮的力量依然相當可觀。

以職棒為例，很多投手的球路只有直球、滑球、指叉球，頂多再加一個曲球。他們致勝的訣竅，在於球速、路徑等控球本領，以及能否掌握時機。再以我自己來說，我懂的學問不過只有個案研究、財務會計、領導統御知識和中國古典，但我會隨不同場合改變解說的順序，以增加自己的說服力。

因此，我們應該在平時便分析自身的能力，構思多樣化的行動模式，以應付各式各樣的情況。

## 勝利屬於可靈活應對各種問題，堅持到最後一刻的人

「大家進入公司工作之初，都曾有當上社長的目標。然而，大部分的人經歷許多不如意的事情，在不知不覺中，放棄了這個目標。我能當上社長，沒有其他原因，不過是堅持到最後罷了。」

許多企業經營者都曾說過類似的話。仔細想想，確實有幾分道理。

只不過，他們當然不是單純堅持到最後，就可以成功當上社長。這句「堅持到最後」的真正意涵，是無論面對什麼樣的狀況，都能靈活應對，並且長期持續眼前的工作，有如參與一場永無止境的戰役，這才是真正的關鍵。

**「勝利屬於堅持到底的人」乃舉世皆然的道理。他們擁有靈活的應對能力，所以不管倒下多少次，都會像不倒翁一樣，立刻重新立起。**

回想起來，我自己也曾被這樣的不倒翁弄得團團轉過。

那時，我被捲進一件官司，兩造決定在法庭外和解。雙方談妥和解條件，我也已經把和解書打好，對方卻遲遲不點頭同意。他們是香港人，和談時先口頭答應我「好啊，就這麼做」，之後準備簽字和解時，卻又臨時喊卡，提出其他要求，使和解回到原點。

我們就這麼來回周旋了整整兩年，對方真的非常難應付。而且每次前去會面時，他們都友善地款待我，讓我更難以招架。多樣化的攻擊方式加上絕不罷休的耐心，最後我終於舉白旗投降，告訴他們：「夠了夠了，是我輸了，就聽你們的吧。」

希望各位從我的經驗學習到：「勝利是屬於堅持到底的人。」

激水之疾，至於漂石者，勢也；鷙鳥之擊，至於毀折者，節也。善動敵者，形之，敵必從之；予之，敵必取之。以利動之，以卒待之。

# 平日低調累積實力，關鍵時刻一鼓作氣痛擊敵手

凡事講求「勢頭」。如同大量蓄積的水連巨岩都能沖走，我們應該把力量累積到最大，在關鍵時刻一口氣發揮出來。當雙方陷入膠著狀態時，不妨刻意露出自己的空隙，引誘對手朝那裡攻擊。這樣一來，事情自然會照你的意思發展。

孫子對策：「湍急的流水之所以能漂動大石，這是由於具有強大的衝擊力；猛禽搏擊雀鳥，一舉可置對方於死地，這是因為善於調節遠近，節奏迅猛。善於調動敵軍的人，故意向敵軍透露或真或假的軍情，而敵軍必然據此判斷跟從；給予敵軍一點實際利益作為誘餌，敵軍必然趨利而來，從而聽我調動。一方面用這些辦法操縱敵軍，一方面還要嚴陣以待。」

## 凡事講究「氣勢」，累積氣勢的關鍵就是「專注力」

現在，請你想像自己用弓箭狩獵。你會使盡吃奶的力氣，把弓拉到最滿，再放手把箭射出去，沒錯吧？在那個當下，你的精神狀態又是如何，是不是全神貫注？正如這個道理，我們需要非常高的專注力，才能蓄滿力量，讓氣勢達到最高點。

把這個道理套用到工作上，便是：「**在精神渙散的狀態下，工作再久也提不起氣勢。請發揮專注力做好準備，等待最佳時機，一鼓作氣展開行動。**」

做事的時候頻頻分心，只會浪費你自己的時間，而且不可能有什麼了不起的成果。

在本段落，孫子用「激水」跟「鷙鳥」做為例子。激水是大量蓄積後，一口氣宣洩而出的湍流，力道之強勁，連巨大的岩塊都會被沖走；鷙鳥是鷲或鷹之類的猛禽。牠們悠然地在空中翱翔，尋找獵物，然後抓準黃金時機，瞄準目標直線俯衝而下，讓對方一擊斃命。由此可見，瞬間的爆發力有多驚人。孫子擁有敏銳的雙眼，懂得觀察大自然，才想得出這種描述方法。

再重複一次：凡事最講究的就是「氣勢」，累積氣勢的關鍵在於「專注力」。請牢牢記住這一點。

## 戰情陷入膠著，刻意露出破綻，能讓敵人沉不住氣

要是你跟對手都謹慎地不露破綻，事情毫無進展，就要思考打破僵局的辦法。最典型的辦法，就是其中一方有所動作。

只不過，自己先輕舉妄動，不可能有什麼好處。

這純粹是受不了雙方大眼瞪小眼而沉不住氣，無疑是最沒有防備的舉動。對方想必就在等這一刻，瞄準你的破綻攻擊過來。

所以應該顛倒過來，讓對方有所行動才是。

為了達成這個目的，我們要「刻意」露出自己的破綻。其實不只是你，對方想必也很焦急，一看到你稍微露出破綻，肯定會迫不及待地朝那裡撲過去。

由於我們是刻意露出破綻使對方上鉤，所以對方的行動將如同自己的預測。接下來，便能用你事先擬定好的計畫，讓事情順利進行下去。

那麼，什麼樣的方式最迅速有效？孫子是這麼回答的：「**稍微秀一下對方想要的東西，或期望的狀態。**」僅僅讓對方看一眼，而不是真的要給他，所以這種方式可以稱為「誘敵戰術」。

瞭解這種方式，即使自己不用，至少不會落入對方的圈套，更能預測他們的戰術。

今後的市場日漸擴展至全球規模，對手只會愈來愈狡猾、愈來愈頑強。我們若不能在技巧上高他們一籌，便不可能取得勝利。

## 優勢對策20

**木石之性，安則靜，危則動，方則止，圓則行。故善戰人之勢，如轉圓石於千仞之山者，勢也。**

# 時時保持緊張感跟危機感，維持組織與個人的氣勢

樹幹或石頭在平地上不會滾動，但如果搬至陡坡，也會氣勢洶洶地往下滾。相同的道理，組織跟人們處在危險的情況下，比在安穩的環境更能產生動力。

孫子對策：「木石的特性是處於平坦地勢上就靜止不動，處於陡峭的斜坡上就滾動。方形容易靜止，圓形容易滾動。善於指揮打仗的人所造就的『勢』，就像讓圓木石頭從極高極陡的山上滾下來一樣，來勢兇猛，這就是軍事上所謂的勢。」

## 維持現狀的安全感，將逐漸消磨你和組織的行動力

為什麼有些人跟組織缺乏行動力，怎麼樣都提不起勁？

其中一個原因是，他們在安逸的環境裡過得舒舒服服，就算不特別做什麼，也不致於發生什麼問題。那種安心感會使他們喪失行動能力。

環境安穩的時候，還沒有什麼問題，要是突然發生緊急情況，或遇到大難題，將很難馬上有所行動。以某種程度而言，**「行動力」是由習慣培養而來的，若平時不勤加磨練，便沒辦法在需要的時候派上用場。**

因此，為了維持組織與個人的氣勢，我們必須時時抱持緊張感跟危機感，假想自己處在危險的環境，面對各式各樣的事物。

不論是人或組織，長時間處在安定的環境裡，難免會鬆懈下來。但如果眼前永遠有處理不完的難題或挑戰，則不可能不感到緊張，自然會想辦法採取行動突破現狀，以擺脫危機感。

因此，你自己或組織處在什麼樣的狀態，是非常重要的問題。

**如果你是管理階層，不僅自己要有危機意識，也要讓下屬產生相同的體認，使他們發揮行動力。**否則，下屬只會覺得「維持現狀有什麼不好？什麼都不要做，才能讓事情圓滿

解決」，養成多一事不如少一事的苟且性格，整個組織也將逐漸喪失競爭力。

## 危機意識才是讓人持續進步的動力

另一個提不起勁的原因，在於思考或態度過於僵化，亦即欠缺靈活與彈性。

孫子用「方則止，圓則行」這句話來比喻。四角形思考方式的人或組織，不會有什麼行動；去除邊角、磨得圓滑之後，才能產生動力。

長年固定使用同一套做法，也沒出什麼問題，從而固執於這套做法，是造成人們僵化的主要原因。除非製造迫使自己從根本改變的狀況，否則是沒有辦法解決的。

由此可見，我們必須抱持危機感，告訴自己「要是再這樣下去，我只能坐以待斃，整個組織也將無法運作」。人們總是要面臨緊急狀況，才會想到該挪動沉重的身軀。

然而，要是真的來到緊要關頭，也是為時已晚。因此，我們必須在事情演變成危機前，便把它揪出來。

**時時抱持緊張感，觀察當下的處境，釐清問題點後，立刻促使自己或組織行動。**請務必記得這一點。

套一句孫子的描述，我們跟隸屬的組織，應該時時具備「飛滾入深谷的巨石」那般的力量。光是擁有力量並不夠，我們還要把這股力量轉化為「氣勢」。

孫子認為：「善戰者，求之於勢，不責於人。」意即：善於戰爭的人會想辦法激發軍隊的行動力，而不是一味地苛求士兵。這個道理對於發揮個人或團體的能力，都非常有幫助。

# 虛實

第六堂課

取得支配對手的主導權

## 「主動」「機動」雙管齊下，出其不意，攻其不備

〈虛實〉篇中，論述了戰爭中「虛」、「實」的相互對應與轉化，強調作戰首重主動出擊，以我方充實的力量，攻擊敵人弱點；另一方面，我方步步謹慎，使敵人無機可乘。

重點就是「如何支配敵人，而不被敵人支配」，孫子將告訴你：

贏家都知道的攻防原則、勝算最大的戰力分配比例、

讓敵人無法掌握我方作戰路線的祕訣，還有保有柔軟思維與身段的重要性。

善戰者，致人而不致於人。
攻而必取者，攻其所不守也；守而必固者，守其所不攻也。

# 贏家必知的攻守原則：攻擊敵人疏於防守之處；守住敵人不易攻之處

遭遇困難時，我們沒有多餘的時間踟躕不前。務必用最快速度掌握主導權，突破難關繼續前進。瞄準競爭對手少，或是沒有什麼強敵的市場，自然能夠輕易獨占下來。

孫子對策：「善於用兵作戰的人，總是支配敵人，而不被敵人支配。我軍進攻就一定會獲勝，因為攻擊的是敵人疏於防守的地方。我軍防守一定穩固，因為守住了敵人不敢攻的地區。」

## 身陷困境代表受制於人，首要之務是掌握主導權

你是否經常遇到從天而降的難題，發生在自己身上的麻煩事，或是刻意攪局的有心人，感覺被耍得團團轉。這種狀況正是孫子所言之「致於人」，亦即無法掌握主導權，只能到處忙碌奔波。在這樣的狀態下，是不可能做好事情的。你必須掌握主導權，「操縱」那些困難和有心人，讓事態有所進展才行。

**為了掌握主導權，你必須盡早察覺困難，並且主動出擊，先發制人，讓事情順著自己的意思發展，不致於因為晚行動而落入被動。**我在講座上說出這句話，台下的學員大多會發出「嗯……」的沉吟。他們想必是常常「致於人」的類型，所以在自我反省。

**遭遇困難、面臨麻煩時，請務必告訴自己：「要致人，而不致於人。」光是這一句話，便能扭轉被動的自己為主動。**〈虛實〉篇主要講述的，是掌握主導權所必備的虛實技巧。

「虛實」有兩種含意。一種是「空虛」與「充實」，用「看似有，實則無」或「看似無，實則有」的方式擾亂對手。另一種含意是「虛偽」與「真實」，用「看似真，實則偽」或「看似偽，實則真」的方式，讓敵人出其不意。這是一門需要豐富學養的學問，接下來就讓我們一一學習。

## 挑選競爭對手較少的小眾市場決勝負

「挑敵人守備薄弱的地方進攻，自然能夠獲勝；固守自己的陣地，讓敵人無法攻破，自然不會敗北」——孫子用這個理所當然的道理，告訴我們：**攻擊的鐵則在於直搗敵人的弱點，防守的鐵則在於不露出一絲破綻**。那麼，套用到商場上又是如何？用簡單的一句話回答，就是：「在小眾市場分勝負。」

小眾市場沒什麼大商機，又有一堆困難等著解決，還充滿讓人提不起勁的麻煩事，再不然就是覺得那個市場沒有需求，所以大家都不想在那裡分勝負。

說得簡單些，正因為幾乎沒有對手進軍小眾市場，如果自己好好掌舵，肯定能成為該市場的第一把交椅。

在現實中，的確有很多耕耘別人碰都不碰的小眾市場，從而發掘龐大商機的成功例子。**發掘這種市場的首要祕訣，是「對公認的常識存疑」**。

例如寶特瓶裝的水和茶飲，當初也被大家判斷為「沒有需求」。當時的人絲毫不認為，用高價販售幾乎可以免費取得的水跟茶，能吸引到多少顧客。不過，實際上顧客就是有這樣的需求，如今，寶特瓶飲料已經成為不可或缺的商品。

當寶特瓶飲料市場擴大到今天的規模，要不要加入戰局，確實是兩難的問題。但如果在開拓前便搶進市場，不就可以獨占大部分的利益了嗎？在商場上，大家總是拚命往有錢賺的地方擠。然而，每個人看到商機，都想跳進這場激烈競爭分一杯羹的結果，就是沒有人能夠大獲全勝，只是自討苦吃而已。

優勢對策22

**我專為一，敵分為十，是以十攻其一也。**
**形兵之極，至於無形。**

# 集中火力在決戰點上，以你的優勢力量擊敗敵人

在競爭者少的領域，磨練只有自己擅長的能力，將火力完全集中於一點。這樣一來，你自然會比其他人突出。剛入門時，要依照標準步驟走。但如果永遠只會照著步驟做，便沒有辦法進步。養成既定習慣之後，要把它隱藏起來，提醒自己保持不受拘束的心。

孫子對策：「如果自己的兵力集中一處，敵人的兵力分散十處，這樣就能以十倍的力量打擊敵人。用兵的方法，運用到極點，能使人看不出一點行跡。」

## 高手雲集的項目，不用太精通，專注發展你的專屬能力

**經營學時常強調「選擇與集中」的重要性**。所謂的選擇與集中，是選出自己有勝算的領域，將百分之八十的人力、物力、資金等經營資源投入其中，再將剩餘的百分之二十資源，平均分配給其他領域。

為什麼要這麼做？**均衡增進各個領域的能力，固然能提升整體實力，卻無法發展特別突出的強項**。每個領域都半生不熟，只會落得被其他對手吞噬。因此，我們應該選出有把握領先其他對手，或競爭不怎麼激烈的領域，專注於增強這個部分，發展成獨特性高，讓人第一個就想到自己的公司。

孫子的這句話也是類似道理。如果是個人，就要磨練其他人不會想磨練的能力，至於早已高手雲集的項目，反正不差自己一人，不用太精通也沒關係。

以英文為例，現代人會英文是一件稀鬆平常的事，但英文也是最好會講的外語，所以不妨投注百分之二十的精力於此，練到能在商場上與人溝通的程度，至於另外的百分之八十，不妨投注在印地語的學習上。

接下來的時代，亞洲國家將逐漸興起，印度市場已經有相當顯著的成長。然而，現在能

把印地語說得跟母語一樣流利的人，依然少之又少。你要像這個樣子尋找應該強化的能力，然後傾注全部的精力於其上。

這就是能力的「集中與分散」。**謹慎選擇自己在商場上需要的能力，避開高手雲集的領域，在競爭者少的地方取得絕對優勢。這才是成為頂尖的捷徑。**

## 高手的境界：跳脫固定框架，無招勝有招

熟悉一件工作後，人們會產生某種既定習慣，進而被這種習慣「制約」，致使往後嘗試新事物時，不容易跳脫過去的做法。

這不全然是壞事，但是自己將從此停止成長，也是不爭的事實。再說，這樣也容易被對手看透手腳，給予對方可乘之機，提高陷自己於不利的風險。

組織也是一樣。拘泥於既成的組織圖，導致整體機動性下降的真實案例，同樣多到數不清。朝會與會議就是最具代表性的例子。一味地講求形式，只會使內容流於空泛，從而喪失行為本身的意義。

學習武術、日本舞蹈等傳統文化，要按照既定的步驟循序漸進。透過無數次反覆練習，

學會多種標準做法後，接下來的重點，便是你能跳脫框架到什麼樣的程度。

換言之，**能不能隨機應變，讓單一的形式產生多種變化，才是勝負關鍵所在。你的身心與「形式」將融為一體，不再受到拘束，隨時隨地都能發揮多樣化的技能。**

這般「無形」的精神與技能，才是真正的最高境界——在人生的道路上，千萬別忘記這一點。修煉到爐火純青的高手境界，祕訣正在於此。希望年紀尚輕的你，能以此為目標。

夫兵形象水。水之形避高而趨下，兵之形避實而擊虛；水因地而制流，兵因敵而制勝。五行無常勝，四時無常位，日有短長，月有死生。

# 靈活應對變化的祕訣在於，保持柔軟的身段和思考

流水可以隨著地形任意變化形狀，不管遇到什麼樣的空間，都能鑽進去。人也應該擁有這樣的柔軟度，以深入對方的心坎。所以，我們要懂得「傾聽」。仔細注意四面八方，做好心理準備，以面對隨時可能發生的任何事態。優秀的人能夠因應時代變遷，靈活轉換思維，所以無論活到幾歲，都能保有充沛的活力。

孫子對策：「用兵的規律像水一樣。水的規律是從高向低處流，用兵的規律是避開敵人嚴密強大之點，而攻擊其虛弱之處，水根據地勢決定流向，用兵也要順應敵情變化而採取制勝方略。用兵同『五行』變化一樣，相生相剋，又如同四季變化一樣，交替更迭，也像日月一樣，有缺有圓，皆處於流變狀態。」

## 傾聽，開啟對方心房最有效的說話術

「夫兵形象水。」孫子的這句話是在說明，讓自己歸於「無」的重要性。

以業務銷售為例，業務員的目標就是說服對方購買產品。在這個情況下，維持自己原有的樣貌，並沒有辦法打動對方。一味要求買家聽自己說話，花上大半天的脣舌推銷產品的人，正是屬於這一種人。

這種做法有如不改變自己，就硬要進入對方的心坎。對方的心坎形狀與你不符，自然沒有辦法接納你。

這種時候，不妨先讓自己歸於無，從試探對方開始著手。

「最近您過得怎麼樣？」

「是不是有什麼困擾？」

「您工作的成果太教人佩服了。可不可以傳授一點祕訣？」

「所以您接下來打算朝這個方向進行，對不對？」

你可以像這樣，試著從各種角度提出問題。**不論對象是誰，客戶發現有人對自己的事業有興趣，都會敞開心扉。**隨著你繼續提出問題，對方會愈說愈起勁，從成功經驗、失敗經驗，或是遇到的煩惱，各式各樣的話題紛紛出籠。如此一來，你便能順暢地進入他的心坎，把話題引導至自己希望的方向，然後看準時機切入正題。

**讓自己歸於「無」，有助於開啟對方的心房。**你聽完對方的話後，對方也會反過來說：「好，現在換我聽聽你要講什麼。」**真正的銷售高手，以及交涉、溝通的專家，不會使用強硬的手段，而是先瞭解對方的需求。**

面對的對象是「人」的時候，記得特別提醒自己：「要像水一樣歸於無。」這樣才能讓事情順利進行。

## 「意想不到的事態」絕非突然，而是你忽略了「水面下的動靜」

我們經常受到「看不見的事物」影響，例如：「想不到會變成這樣」、「想不到會發生這種事」、「想不到他打算做那種事」。從工作到人生，都是由一連串的「想不到」組成。不過，**遇到太多「想不到」事態的人，也必須反省自己對周遭的觀察不足。**

有人會開心地來找我，報告升遷的好消息，並且不忘補充：「我完全想不到，自己會被拔擢。」這種時候，我一定會這樣回答：「你會意想不到，單純只是因為你不知道有這個升遷案吧？這種事怎麼可能今天才突然決定？」

這句話是在暗示他：「察覺不出水面下的動靜，是不行的。」

我真的覺得現代人的「整體直覺」相當遲鈍。很多人只由一個面相觀察和看待事情，眼中只有出現在面前，或是自己想看的事物。

人就是在這樣的情況下變得遲鈍。**請放鬆肩膀的力道，舒緩僵硬的頸部，隨時從遠方留意四面八方的情況，不分對自己有利或不利，盡可能取得所有資訊。**

這樣一來，我們可以假設未來可能發生的各種事態，做好充足的準備。由整體性的直覺建立假設，然後以這些假設為前提，事先準備好應對方式，這一點相當重要。

## 永保生命活力的訣竅：隨著環境變化，靈活轉換思維

「五行為水、火、金、木、土，這五種氣相生相剋，不斷循環。四季和日月也一樣，在變化當中持續流轉。」

孫子將人生比喻為自然定理，說明維持靈活思維的重要性。

富士山又稱為「不死山」，除了兩者的日文發音相同，看著富士山充滿生命力的雄姿，

確實能感受到，那是一座永不死去的山。人類也是相同的道理。世界上確實有人活到相當高的歲數，依然充滿活力，讓人不禁懷疑：「他該不會真的不會老吧？」

孫子想在這個段落傳達的，是要你也成為這樣的生命力集合體。這句話的意思，不是要你愈活愈固執。內心固執不願變化，無法靈活思考與行動，只會讓生命力逐漸衰弱。

首先，請把自己想成不死之身。這樣一來，你會明白若要維持活力而不老死，必須隨著時代和周遭環境，靈活地改變自己，從中得到生命的活力。

# 軍爭

第七堂課
逆轉勝的迂迴戰術

## 化不利為有利，達成你的目標

〈軍爭〉即是兩軍相峙而爭利，彼此竭盡全力爭取有利的制勝條件。
孫子在本篇闡述會戰要領，也就是把計畫、部署付之實行，
趨利避害，掌握戰場的主動權。這一堂課的內容包括：
後發先至，以迂為直的逆轉勝戰術、踏入不熟悉的領域時，借用專家智慧的必要性、
成功領袖的魅力特質與營造團隊向心力的方法，還有活用各個時間段的超效率工作術。

## 優勢對策24

軍爭之難者，以迂為直，以患為利。
故迂其途而誘之以利，後人發，先人至，此知迂直之計者也。

# 逆轉勝的關鍵：小利誘敵，迂迴制敵，後發先至

如果前方的路困難重重，不妨以迂迴方式前進。在此同時，你也必須擬定扭轉不利為有利的戰略，使遠路變成最短捷徑，比誰都還要早到達終點。這就是「迂直之計」。

孫子對策：「『軍爭』中最難的就是，如何以迂迴進軍的方式，實現更快到達預定戰場的目的，化種種不利為有利。因此，我方故意迂迴前進，又對敵人誘之以利，使敵人不知我方欲往何去，因此出發雖晚，卻能先於敵人到達戰地。能這麼做，就是知道迂直之計的人。」

## 從織田信長漂亮的大逆轉，看「逆轉勝」的五大要點

「戰略究竟是什麼？」我認為孫子的回答盡在這一句話：「化不利為有利。」

孫子所說的「迂直之計」，乍看之下或許不是很好懂。為了讓各位便於理解，我先以實際在戰爭應用過的迂直之計為例，做為驗證。這是一五六〇年，織田信長跟今川義元決一勝負的「桶狹間之戰」（東海道大名今川義元親自率軍攻入尾張國境內，遭織田信長領軍奇襲本陣陣亡。戰後，原本稱霸東海道的今川氏從此沒落，獲勝的織田信長則迅速擴張勢力，奠定其日後掌握日本中央政權的權力基礎）。

今川軍的兵力高過織田軍，不管怎麼看，戰況都對織田軍極為不利。那麼，織田信長是如何扭轉不利為有利的？其中包含五個重點。

### 重點一：信長派出三十名間諜打探情報

敵方今川軍一離開駿府，織田軍便一直在刺探其狀態，得知今川軍認為己方勝券在握，已經鬆懈下來。此時，信長便明白自己一定會贏。

**重點二：信長知道要提振軍隊的士氣**

織田信長做好上戰場的準備後，率眾前往熱田神宮，祈求在戰爭中得到勝利。那時，神殿的深處發出一陣鈴響——事實上，這是信長的安排。士兵們聽到鈴聲，興奮地認為「神明回應了信長大人的願望」，加深「我方絕對會獲勝」的信心，使整個部隊團結一心，共同迎向「勝利」這個目標。

**重點三：大幅削減對手的戰力**

今川軍在桶狹間山的「田樂狹間」這個地方休息吃午餐，鄰近村莊的地方鄉紳以「勞軍」之名奉上美酒（他們很有可能事先已被信長收買），今川軍原本只想「那就喝個一杯」，最後竟然直接設起酒宴。另外還有一種說法，是今川軍沿路不斷受到村莊的美酒招待，不管真正的情況如何，可以確定的是：整個部隊早已醉得東倒西歪，完全喪失作戰能力。

**重點四：善用地形**

信長在能夠一眼望盡田樂狹間的地方布陣，等待進攻時機。就在那時，原本晴朗的天空忽然烏雲密布，開始下起滂沱大雨，他率眾一鼓作氣發動突襲。即使沒有這場突如其來的大雨，早已完全鬆懈的今川軍見織田軍毫無預警地出現，也只能愣在原地，腦袋一片空白。更何況桶狹間山地形狹隘，大軍必須排成一路縱隊才能通過，這使得今川軍的龐大戰力發揮不了任何作用。

**重點五：織田軍直取敵方大將的首級**

在今川軍裡，凡事唯今川義元是瞻，一旦大將的首級落地，整個軍隊也會立刻潰散。織田信長非常瞭解在高層獨攬大權的組織裡，一旦高層失勢，立刻「樹倒猢猻散」的道理。

## 商場上的「迂直之計」：設法讓場所、時間、主題對自己有利

現在，不妨參考前述織田信長使用的策略，以信長、義元雙方的立場為出發點，擬定可活用於商場與人生的戰略。在此提出一項建議：設法讓場所、時間、主題對自己有利。

舉例來說，如果你認為交涉某件事情或處理某個麻煩，可能滯礙難行，不妨選擇在自己的工作室或住家會面。運動競技也是一樣，在主場比賽總是比在客場讓人安心。

接著是時間，如果你擔心準備不夠充分，不妨把時間延後一個星期；如果是對方準備還

不夠，則可以提早一個星期，而且還要讓對方明白，自己只有那個時間才有空。在某些情況下，臨時取消會面也不失為一個辦法。

再談到主題，你可以稍微模糊焦點。如果是因為己方疏失而延誤付款，受到對方責備之類的金錢糾紛，不妨先承認自己的錯誤，然後把話題移轉到人情上。例如：「可是在這之前，我並沒有延誤付款過吧？只因為一次的疏失便不能原諒，是否太不夠意思？」

總而言之，你的目標都是讓事情依自己的期望解決，大可在「不違反仁義道德」的前提下，嘗試各式各樣的手段。

## 優勢對策25

**舉軍而爭利則不及，委軍而爭利則輜重捐。**
**不用鄉導者，不能得地利。**

# 客觀評估自身能耐，不擅長領域可借用專家的智慧

為了比誰都早一步到達目標，一股腦兒地勉強自己，只會過度消耗力氣，最後得不到想要的結果。你應隨時留意自己是否太過勉強，落入不利的處境。此外，光靠自己的能力，可以做的事相當有限。進入不熟悉的領域時，記得尋求專家的幫助。

孫子對策：「全軍人馬輜重一同行動，就會影響行軍速度，不能先敵方到達戰地；丟下輜重輕裝行動，必定損失許多物資。不使用嚮導領路，就不能掌握並利用有利的地形。」

## 執著眼前利益，勉強自己，只會落於不利

先抵達戰場的一方，往往能取得優勢，所以軍隊行進時，總是不管三七二十一地拚命趕路。可是，這樣一來，會發生什麼事？

為了把隨身配備的重量減到最輕，食物、裝備、武器、彈藥等物品統統交給後方的運送部隊，前面的人不斷趕路，只會使運送部隊被拋得老遠。士兵身上沒有足夠配備，再加上夜以繼日的勉強行軍，體力已經消耗得差不多，甚至開始有人跟不上隊伍。結果，還沒抵達戰場，戰力便先掉了一大截。

因此，孫子告訴我們：「不要執著於占到優勢，過於勉強自己，反而落於不利。」

對生意人來說，這也是在工作上的寶貴建議。為了早日完成工作，天天熬夜加班，只會使工作效率跟品質大幅滑落，到頭來，照樣拿不出好的成果。

再舉另一種例子。跟對手削價競爭，硬是壓低自家商品的價格，也只會使利潤愈來愈微薄，進而剝奪公司的體力，最終陷入經營困難的狀態。

為了生產大量產品，勉強機器運作到超出負荷，只會讓機器毀損，導致生產力下降。

由上可知，**執著於眼前的利益，而不考慮自身能耐，終究不會有什麼好結果。不過度**

勉強自己，保留實力，也是一種「迂直之計」。

## 工作表現好的人，都懂得活用各領域專家

跋涉險峻的山路時，應該聘請當地的嚮導帶路。要是整個隊伍裡無人熟悉環境，屆時很有可能誤闖危險之境或迷路，無法到達目的地。

工作上也是一樣，獨自攬下所有事情，絕非明智之舉。我可以理解你想獨力把事情做好的心情，但跨足自己不擅長或完全生疏的領域，只有從頭學起一途。這會耗掉你相當多的時間，成果也不可能有多顯著。

與其如此辛苦，不如尋求精通門道的專家協助。這樣不但能為你節省時間跟勞力，還能得到更好的成果。

**能夠完成規模浩大的工程，而且讓人找不到挑剔之處的人，都是懂得活用各領域專家的人**。若說工作的量、品質和規模，皆取決於你能活用專家到什麼程度，可是一點也不誇張。

即使是工作之餘的活動，例如第一次欣賞歌舞伎表演，最好也找懂得歌舞伎學問的人同行，或是請有豐富知識和經驗的人講解。這麼做才能加深自己的理解，縮短從生疏到嫻熟所

需要的時間。除此之外，你的興趣版圖也會隨之擴張。

不論是工作或休閒場合，多與各個領域的專家交流，建立自己的人脈網路，有助於豐富我們的人生。

## 優勢對策26

其疾如風，其徐如林，侵掠如火，不動如山，難知如陰，動如雷震。金鼓旌旗者，所以一人之耳目也。

# 打造成功領袖魅力的祕訣：收放自如，善於營造團隊向心力

行進要像疾風一般迅速，等待要像樹林一般安靜，攻擊要像火焰一般猛烈，靜止要像山岳一般沉穩。隱藏自己的存在感，要如同消失在黑暗；有所行動的時候，則要如同轟隆作響的雷聲——不論任何事情，都要懂得「能收能放」。在戰場上，雙方會用鐘鼓旗幟統領兵士。換作現代，若要提升彼此的同伴意識，可以在身上配戴、或攜帶相同的物件。

孫子對策：「按照戰場形勢的需要，軍旅行動時，快速如風；靜止時，肅穆嚴整如林木一般；攻城掠地時，如燎原烈火，猛不可當；駐守防禦時，如山岳般不可動搖；軍情隱蔽時，如烏雲遮天，使敵人無從知曉；大軍出動時，如雷霆萬鈞。戰場上喧囂紛亂，金鼓、旌旗，是為了統一全軍耳目。」

## 工作和玩樂都全力以赴的人，能在重要時刻發揮爆發力

戰國名將武田信玄的陣旗「風林火山」，可說是無人不知、無人不曉，其出處正是孫子的這段話。

這段話的重點是：**凡事不可以只做到半吊子。從事任何行動，都必須全力以赴。**

日常生活中也一樣，工作的時候不分心到其他事情，遊玩的時候盡情遊玩，吃飯的時候專注於食物，睡覺的時候好好放鬆，生氣的時候要像熊熊烈火，痛苦的時候要咬牙撐過去……像這樣懂得各種行為的收放，是很重要的事。

養成習慣之後，我們便能充分累積能量，在重要時刻發揮專注與爆發力。

不僅如此，**收放之間的巨大落差，也是一種魅力**。**周遭的人將覺得你難以捉摸，被你牽著鼻子走，對你能收能放、該行動時就會行動的個性深感佩服**。

人們會認為你「這個人平時明明很從容，工作起來卻很俐落，好像變了個人似的」、「雖然他看起來很沉穩，動起來時卻很靈敏」。在日常生活中，也請記得實踐「風林火山」的四大內容。

## 提升「同伴意識」的方法：創造團隊的共通點

戰場上喧囂紛亂，即使同伴扯開嗓子叫喊，也很難聽見他在說什麼，辨別敵我同樣是一件難事。所以在古代，雙方軍隊交戰時，會用各自的鐘鼓旗幟指揮士兵。指揮官會事先告知：擊鼓一聲代表撤退，快速連擊代表進攻，旗旗則代表我軍位置……等等。像這樣指揮軍隊，可以防止士兵擅自前進，或是在陣前逃亡。隨著時間進入深夜，太鼓會插上火炬，白天作戰時，也會立起無數面旗旗，讓己方顯得聲勢浩大。

那麼，活在現代的我們可以怎麼做，才能營造團隊的向心力呢？大家穿著相同的制服、夾克、團體T恤，綁上相同的布條，或別上相同的胸章等小配件，都是不錯的方法。藉由整體看起來一致，每個人的心將連結在一起。小時候參加運動會時所有人都被分成紅、白兩隊，當你被分到紅隊，綁上紅色頭巾的那一刻，是否覺得所有綁著紅色頭巾的人，都成了「共同作戰的夥伴」？不論他們是不是你的朋友，都會產生同伴意識，達到團結的效果。

除了團體服跟配件，設計隊呼跟隊徽，也能達到相同的效果。**當一群人要團結起來，面對同一件事時，擁有全體共通處是相當重要的一點**。這種方法單純歸單純，不過能非常有效地提升同伴意識。

優勢對策27

朝氣銳，晝氣惰，暮氣歸。

# 活用各時間段的工作術：在不同時間，做最適合的事

上午是一天當中精力最旺盛的時候。過了中午，精力開始慢慢走下坡，到了傍晚，已經差不多見底，這種時候只會想著趕快回家。像這樣在早、午、晚不同時段，安排不同性質的工作，徹底活用精力的特性，可使你的工作效率跟品質大幅提升。

孫子對策：「軍隊初戰時，士氣旺盛；再戰的時候，人力睏倦逐漸怠惰；戰到最後則士氣衰竭，人心思歸。」

# 傍晚時開會，最容易說服對手

大家常說「上午是一天當中工作效率最好的時候」。雖然前天晚上做了什麼事也會影響隔天早上的精神，大體而言，經過一夜的睡眠，消除疲勞後，早上的身心的確會充滿精神。

所以，早上應該用來進行重要的工作。例如參加晨間讀書會吸收知識、磨練技能，一上班便召開重要會議，利用上午寫企劃書，或其他需要動腦思考的工作。將這段時間用於機械性事物、打雜等不需要腦力的工作，豈不是太浪費了？

過了中午，尤其是剛吃完午餐之後，是最容易變得慵懶的時段，所以建議安排需要勞動身體的工作，例如離開公司，到第一線看看，或是坐到電腦前，以富有節奏的方式敲打鍵盤輸入資料。

接著進入傍晚，體力消耗得差不多，「真想快點回家」「好想去喝一杯」的念頭開始湧現。看準這一點，挑這種時候跟人交涉談判，不失為一個好方法。因為對方同樣也累了，自然容易接受你的意見，告訴你：「好啊，就照你說的，趕快解決這件事吧，我好想下班。」這就是孫子所說的：「避其銳氣，擊其惰歸。」

不過，要這麼做的話，記得白天跟下午工作時放慢步調，以保留足夠的體力。

歸師勿遏，圍師遺闕，窮寇勿迫。

# 仗著有理，咄咄逼人是不智之舉，理直氣平才是處世智慧

把對手攻擊到體無完膚，總有一天會受到強烈的報復。即使是追擊對手，也應該留一條後路給他。

孫子對策：「對於正在撤退回國的軍隊，不要阻擋；包圍敵軍時，要留下缺口，以免敵人全力死戰；對陷入絕境的敵人，不要過分逼迫，以免他們拚死反撲，這些都是用兵的基本原則。」

# 人情留一線，日後好見面，別將對手逼到無路可退

在〈軍爭〉篇的最後，孫子提出八項戰爭中的禁忌。其中包括不要跟在高處布陣、背靠山丘等坐擁地利優勢，或士氣高漲的敵人正面對抗。一旦己方屈於劣勢，便沒有跟對方戰爭的本錢。這幾點對應到原文的「高陵勿向、背丘勿逆、銳卒勿攻」。

此外，敵人也有可能佯裝敗逃，或使用利誘之計，為將者必須看穿其中狡詐，不可過度追擊。這兩點對應到原文的「佯北勿從、餌兵勿食」，其用意是勸戒我們，別看到眼前的利益，便急著撲上去。

孫子的每一點都富有深意，特別是最後三項「歸師勿遏，圍師遺闕，窮寇勿迫」，在人際關係上也適用。

這三項直譯成白話文，大致如下：

「不可阻擋開始撤退的敵人。」

「包圍敵人時，必須留下一個缺口。」

「不可攻擊已經被逼入絕境的敵人。」

人與人之間時常發生口角，指責彼此的不是，不留情面地責備犯錯的人，對厄運連連、心情跌到谷底的人落井下石，或是對方已經為自己的過錯道歉，仍執意要求他下跪……不論自己再怎麼站得住腳，或是力量遠遠勝過對方，都不應該把人逼到這種地步。

**所謂「狗急了也會跳牆」，敵人被逼到絕境時，有可能發出強烈的反擊。以怨氣匯聚成的憤怒，無疑是最可怕的事物。與其因為那樣給自己帶來麻煩，不如為對方留一條後路。**對方感受到你的恩惠，日後說不定願意反過來幫助你。

# 九變

第八堂課

靈活應變突發狀況

## 面對突發狀況都能不動如山的祕訣

〈九變〉中的「九」泛指多，「變」是機變，本篇主要論述根據各種特殊情況，靈活機變地變換作戰方式與策略，取得勝利。這一堂課，孫子要告訴你的是：針對各種狀況，你該如何臨機應變，採取適當的制敵方式。

此外，明智的人凡事都會考量利害兩面，隨時充實自我，以面對人生中的各種挑戰；還有導致戰力由強轉弱的五種因素，提醒你別讓自己的優點成為致命的缺點。

圮地無舍，衢地合交，絕地無留，圍地則謀，死地則戰。途有所不由，軍有所不擊，城有所不攻，地有所不爭，君命有所不受。

## 無論什麼情況都不會輸的作戰法則：審時度勢，臨機應變

不同的情況下，各有絕對不可做的禁忌。例如：前往國外開拓市場，不可在當地生根發展。你應該把整個地球當成自己的棲身之所，隨時保持一身輕。進攻時並非一味地往前衝。有些可能通往危險的路最好別走，有些對手最好別正面衝突，有些城池最好不要硬攻，有些地方最好別硬去爭奪，有一些命令最好別服從。總之，請完全從現場的情況考量。

孫子對策：「在難以通行的地區，不可駐紮；在四通八達的交通要道，要與鄰國結交；越過國境作戰，不可停留；在四面地形險阻容易被包圍的地區，要精於謀劃；在後退無路的地區，則須拚死力戰。行進時，有的道路不要走；有些敵軍不要攻擊；有的城邑不要攻占，有些地域不要爭奪，國君的命令如不利戰爭，也可以不接受。」

## 人生中絕對不可犯的五大禁忌

戰場上的事，瞬息萬變，不可不謹慎小心。孫子便依據戰場狀況，提出五種絕對不可做的事情：「圮地無舍，衢地合交，絕地無留，圍地則謀，死地則戰。」以下將從人生的角度，依序解釋這五項禁忌。

**禁忌一：「圮地無舍」，不可在行軍困難的地方駐紮**

在人生當中，如果你可以預見接下來將遇到諸多困難，與其停下腳步，深思熟慮應對的方法，不如先想辦法脫離困境。

**禁忌二：「衢地合交」，不可跟背後有強大後盾的國家交戰**

處理好自己國家跟其他國家的外交關係。「與權勢對抗」乍聽之下相當有勇氣，實際上卻是有勇無謀。

絕對要避免跟掌權者或集團領袖作對。主動與對方打交道，建立良好的關係，也是一種有勇氣的表現。

**禁忌三：「絕地無留」，深入敵國境內，絕對不可久留**

以到國外拓展事業為例，要是在當地生根發展，你將逐漸流失原本靈活的行動力，一旦發生什麼狀況，可能無法立刻應對。

保持一身輕盈，隨時做好返回自己國家，或移動到其他地方的準備，才是應該掌握的作戰原則。

**禁忌四：「圍地則謀」，被敵人包圍而動彈不得的話，必須構思巧妙的戰略**

這就是所謂的「四面楚歌」。在這種情況下，只能祭出其他人根本料想不到的奇謀，衝出重圍。

**禁忌五：「死地則戰」，陷入攸關生死的危機，必須抱持「一定會獲勝」的信念奮戰到底**

我們常常使用「必死的決心」這種說法，但千萬不可真的這麼做。所謂的「必死」，是在明白自己會失去性命的情況下，做出魯莽的舉動。不管面臨什麼樣的危機，都必須懷著一定會獲勝、一定能存活下來的信念，冷靜地採取行動。

### 從「五地」看人生各種狀況與應對的策略

| 項目 | 意義 | 應對策略 |
|---|---|---|
| 圮地 | 人生中的困難 | 與其停下腳步，不如先想辦法脫離困境 |
| 衢地 | 四通八達之地、與鄰國接界之地 | 結交鄰國，孤立敵國 |
| 絕地 | 到國外拓展事業 | 絕對不可久留 |
| 圍地 | 被敵人包圍，動彈不得 | 利用對手料想不到的奇謀，殺出重圍 |
| 死地 | 走投無路、攸關成敗的危機 | 背水一戰，抱著「必勝」的信念，冷靜行動 |

## 一位華僑教導我的智慧

現今全球化的時代，到國外打天下的機會愈來愈多。在以上的五項禁忌中，請特別留意第三項「絕地無留」。在此，我要介紹年輕時一位華僑老婦人教導我的事做為例子。相信對你來說，也極具參考的價值。

當初我在泰國受到重傷，住院時跟一位老奶奶做鄰居。她從香港遷來此處久居，是個成就非凡、能力相當優秀的實業家。她告訴我，自己見識過日本的公司後，對他們的舉動覺得非常納悶。以下是她所說的話：

「我在香港把生意做起來後，決定把事業版圖擴張到泰國，於是幾乎把整個公司都搬來曼谷，只留下一名員工駐守故鄉。你覺得我為什麼這樣做？香港的事業已經步上軌道，沒什麼好擔心的。不過啊，曼谷這裡是全新的領域，大家都還不熟悉，所以必須團結起來，全力以赴，壯大自己的氣勢。後來繼續拓展到新加坡時，我還是用相同的方法，把幾乎所有人都帶過去，只留一個人在這裡。

「可是，日本企業的做法剛好相反。他們留下大部分的員工，只帶少少幾個人便想深入泰國。我不看好那種策略，根據實際觀察，他們也跟我預料的一樣陷入苦戰。

「還有啊，在華僑的觀念裡，整個地球都是自己的棲身之所，所以我們習慣用一個旅行箱裝完所有家當。這是我們為了方便行動，而想出的行李打包法，這樣才能沒有負擔地在世界各地飛來飛去。」

我對這位老婦人佩服得不得了。如今回想起來，她正是「全球化」的先驅者，也是孫子所言「絕地無留」的實踐者。各位不妨好好參考這位老婦人的智慧。

## 凡事都要以「現場」的角度判斷

行軍時，將帥必須根據現場的實際情況，做出最適當的判斷。例如：「這條路比想像的還難走，還是換條路吧」、「攻略這座城意外地棘手，最好繞過去，避免浪費時間跟戰力」、「想不到這裡的土地這麼貧瘠，搶奪過來也沒什麼好處，乾脆放棄吧」。孫子的這段話，是要我們「**把判斷權交給處在第一線的人**」。

更重要的一點，就算頂頭上司，亦即握有最高權力的人命令「無論如何都要照計畫進行」時，位於第一線的將帥也應該判斷實際情勢，視情況選擇「不聽命」。荀子說過：「逆命而利君謂之忠。」這句話非常正確。為了自己國家的利益，有勇氣違抗君王命令的將帥，才是真正優秀的領導者。

這個道理在商場和人生上也通用。**在職場或日常生活中，我們難免遇到突發狀況。這些突發狀況一定是在現場發生，所以當下不在現場的人，沒辦法下達正確的判斷。**

不管怎麼樣，你的目的都是讓結果變得更好。哪怕上司怎麼交代，位在第一線的人都必須說服他：「從現場情況判斷，我們決定這麼做。這種做法能夠帶來更大的利益。」

優勢對策30

智者之慮，必雜於利害。
無恃其不來，恃吾有以待之；無恃其不攻，恃吾有所不可攻也。

# 塞翁失馬，焉知非福，
# 凡事考慮利害兩面，隨時做好迎戰準備

凡事都得考慮利害兩面。追求利益時，也要想到損失；蒙受損失時，也要想想能得到什麼利益。這樣一來，你便不會老是覺得沮喪，事情也會進行得更順利。向神明祈求困難或討厭的事不要發生在自己身上，是愚昧的行為。要祈求的話，應該祈求讓自己更強，隨時等待對方放馬過來。

孫子對策：「明智的將帥，在考慮問題的時候，必定同時權衡利害兩方面。用兵的原則是：不抱敵人不會來的僥倖心理，而要依靠我方有充分準備，嚴陣以待；不抱敵人不會攻擊的僥倖心理，而要依靠我方堅不可摧的防禦，不會被戰勝。」

## 不論好事或壞事，都有結束的一刻，保持平常心即可

中國的思想基礎建立於「陰陽論」。翻開古典經籍，也能看到「陰陽和合」的說法。「陰」是向內匯聚的作用，具有向心、充實內部、革新的特質。另一方面，「陽」是向外擴張的作用，具有離心、擴大發展的特質。中國人認為，陰陽彼此調和達到平衡，是最理想的狀態。

此外，還有「陰極成陽、陽極成陰」的說法。陰的作用大到一個程度時，會轉為陽；陽的作用過剩時，也會轉為陰。中國人認為，有一種看不見的力量，時時維持著陰陽的平衡。「塞翁失馬，焉知非福」、「因禍為福，成敗之轉，譬若糾墨」（世間的災難與福氣就像兩條搓在一起的繩子，不斷糾結更迭。）等名句，也都可說是出於陰陽論。瞭解這個道理後，即可取得自己人生的平衡。

例如你不斷地賺大錢，順利到不可思議的地步時，便要想到「其中必定有什麼賠錢的陷阱」，更謹慎地行事。相反的，如果你長期得不到幸運之神的眷顧，也要告訴自己「轉機早晚會降臨的。再說，在這段不順遂的期間，我也學到了不少東西」，在逆境中抱持樂觀的態度，繼續前進。

人們看到眼前的利益，容易變得貪得無厭；遇到一連串的不幸時，則會悲觀地認為自己走投無路。反正不管怎麼樣，事情只會往不好的方向發展，內心當然冷靜不下來。

如果不想成為這樣的人，當你面對任何情況時，都要告訴自己：「智者之慮，必雜於利害。」如此一來，你便能客觀地從利害兩面思考，冷靜地採取行動，不致於過度興奮或消沉。

## 困境跟苦難都是貴人，做好萬全準備，等待它們隨時出現

「過了六十歲，我的人生變得相當愉快。二十歲到五十歲這段期間所吃的苦和遭遇的困難，簡直是為了賦與我這樣的人生而存在。困境跟苦難都是我的貴人。所以啊，我們一定要做好萬全準備，等待它們隨時出現。」——我經常這麼告訴大家。

人們的不好預感十之八九會成真，愈是希望「拜託不要來、拜託不要來」的事情，愈是會真的發生。再不然，也可能因為「別發生」的願望太強烈，產生某種沒來由的信心，認為「不可能發生」，並且深信於此。但是在現實中，事情當然不可能順著自己的意思進行，最後還是被困難擊倒。

這種時候，不妨試著說：「儘管放馬過來！」**當你的內心做好準備——或者說只有內**

**心做好準備——即使困難或苦難真的降臨，也能甘之如飴地接受挑戰**。面對艱難的事物時，我們要抱持這種心態。

當我不希望某件事成真，就會拉開嗓門，大喊三十次：「放馬過來吧！」喊到後來，反而希望困難趕快出現。

當然，我們也得讓自己變得更強，能像孫子說得那樣，隨時迎接各式各樣的挑戰。至於如何讓自己更強，答案就在前面提過的「打造不退步的人生」一篇。請把增強實力視為你的第一要務。

## 將有五危，必死可殺，必生可虜，忿速可侮，廉潔可辱，愛民可煩。

# 凡事過猶不及，你的優點也可能是你的缺點

必死的決心過於強烈，會使思考能力遲鈍；活下來的念頭過於強烈，會使人失去勇氣；競爭心態過於激烈，會使人失去冷靜；投注過多愛情，會使人判斷錯誤。擁有出眾資質的人，其強項太過偏頗，也會使優點變成弱點。

孫子對策：「將領有五種致命的弱點：堅持拚死硬打，可能招致殺身之禍；臨陣畏縮，貪生怕死，則可能被俘；性情暴躁易怒，容易受敵挑釁而失去理智；過分潔身自好，珍惜名聲，可能禁不起誹謗；由於愛護民眾，受不了敵方的擾民行動而不能採取相應的對敵行動。所有這五種情況，都是將領最容易有的過失，是用兵的災難。」

## 檢視導致戰力由強轉弱的五種因素

每個人的資質差異其實不大。問題在於，再強的資質也可能產生偏頗。有句話說：「過之猶如不及。」意思就是說：「當一個人強的地方超出了分寸，也會變成他的弱點。」

在這個段落，孫子舉出五種讓將帥失去作用的危險因素。這五種因素在日後也成為廣為流傳的「領導論」。其實，就算不是將帥，你也可以用這五種因素檢測自己。現在就讓我們逐一檢視：

### 因素一：「必死」

之前我也提過，「努力」本身絕對是一件好事。但如果努力到「拚命」的程度，我們的思考能力會逐漸下降，開始發出妄言豪語。更糟糕的情況是，搞不清楚狀況就莽撞行動，連能不能成功都不知道，便貿然賭上一把。

**因素二：「必生」**

「絕對要達成目標」的氣魄固然重要，但如果過了頭，難保不會不擇手段地躁進，或因為非達成目標不可的責任感太強，產生失敗不得的壓力。不論是哪一種，都有可能做出讓人想不通的傻事。

**因素三：「忿速」**

你一定看過競爭心態表露無遺，動不動就大聲咆哮的人吧？如果那種競爭心態能在需要的時候發揮作用，倒還沒什麼問題，可是太執著於競爭的話，也會使人喪失冷靜判斷的能力，三兩下便被挑釁激怒而莽撞行事，完全著了對手的道。

**因素四：「廉潔」**

注重自身的清廉是好事一件，但是矯枉過正，將讓你難以生存下去。冠冕堂皇地宣揚「應該這樣做、應該那樣做」，絲毫不知變通，不是什麼值得鼓勵的事。擁有「清濁並包，善惡兼容」的豪氣，才是明智之舉。

## 因素五：「愛民」

對孩子灌注愛情，用親愛對待部屬，這些本身都是好事。

然而，投注過度的愛情，也有把對方寵壞之虞，或是自己的雙眼被愛情蒙蔽，失去客觀判斷事物的能力。

以上五點，為孫子所提「做為強項的資質過於偏頗，也會變成弱點」的典型因素。不得不說孫子實在洞察入微。

**優勢、劣勢，擅長、不擅長——這些都是一體兩面的概念。因此，我們應該均勻發展正反兩面的資質。**

**這也是「陰陽和合」概念之延伸。**所謂「愛得越深，恨得也深」、「競爭心態反而壞事」、「自尊心太高，只會把自己勒死」，希望各位都能自我勸戒，凡事只求適度，以免造成不該發生的結果。

## 從領導者的「五危」學會自我警惕的五大重點

| 項目 | 意義 | 自我警惕重點 |
|---|---|---|
| 必死 | 貿然行動，思慮不周 | 小心被敵人設計，導致失敗 |
| 必生 | 為達成目標不擇手段或壓力過大 | 切莫做出傻事 |
| 忿速 | 競爭心態表露無遺 | 注意敵人的激將法 |
| 廉潔 | 過度注重清廉名聲，矯枉過正 | 要有「清濁並包，善惡兼容」的豪氣 |
| 愛民 | 對孩子和下屬過度溺愛 | 不可失去客觀判斷 |

# 行軍

第九堂課

人生處世的智慧

## 人生道路上，贏家與輸家的分歧點

〈行軍〉並非今日所謂部隊從某地行進至另一處，
本篇主要闡述軍隊在不同地理條件下如何行軍作戰、駐紮安營，
以及根據不同情況觀察判斷敵情。在這堂課，孫子要告訴你：
面對人生四種不同的情況，應該具備的心理準備與注意事項；
學會察言觀色，見微知著的本領；以及優秀主管都知道的「賞罰」時機。

凡處軍相敵，絕山依谷，視生處高。絕水必遠水，客絕水而來，勿迎之於水內。絕斥澤，惟亟去無留，若交軍於斥澤之中，必依水草而背眾樹。平陸處易，右背高，前死後生。

# 人生處世的智慧：得意與失意，都是人生的一個過程

一路順風時，不可志得意滿，即使爬得再高，都只是人生中的一個階段，不可認為自己已經到達終點而疏忽大意。當你查覺置身於困難的漩渦，應該盡早脫離，從客觀角度判斷情勢。萬一陷入泥沼，要趕快攀住水草，以免沉下去。人生也是一樣，我們必須擁有心靈的寄託，熬過逆境。在有利的情況下，更要做好萬全準備，應付各種可能的危機。

孫子對策：「在不同地形部署作戰和觀察敵情，應注意：越山而行時，要沿谷地前進；駐紮在居高向陽處。橫渡河川後，必迅速遠離河岸，以免為敵所乘；敵人若渡河前來，不要在江河中迎擊。橫越沼澤地區，應迅速離開，不要逗留；在沼澤地區作戰，必須靠近水草茂盛之地，背依樹林。在平原應於地勢平坦處部署，側翼依託高地，前低後高為好。」

# 人生這條路，我們會遇到各種狀況，謹慎行事才是王道

人生有各種階段、關卡，就像行軍在不同地形一樣。在〈行軍〉篇的開頭，孫子便提到在山岳、河川、溼地、平原等四種不同地形的作戰策略。換以「人生道路」的觀點解讀，又能悟出另一種層面的道理。以下，將依序說明如何面對人生的四種情況。

## 狀況一：「山形地」，攀上高峰時，不可得意自滿，忘記初衷

孫子說：「在山間行進時，要沿著溪谷前進。」這句話可以解釋為：「別忘記過去處於最低潮的時候。」人生過得順遂時，我們容易得意起來。此時更要切記不可自滿，也不要忘記自己的初衷。

登上高處後，我們習慣停下腳步，喘一口氣休息。這時候，也應該提醒自己還是修行之身，人生道路才走不過一半，接下來應該以更高的山岳為目標。例如年紀輕輕便被拔擢為重要幹部的人，大多會以為自己已經攀上人生的顛峰，因而疏於精進。這種心態是最要不得的。

我們在人生中追求的，是永無止境的目標。我所鼓吹的「愉快人生」，其實並不是指某個明確的目標。**不論走到多遠，前方的路依舊會無止境地延伸下去。正因如此，我們才能**

**不斷往更高的目標努力。**

由此可知，除了年收入、職位之類可以明確訂出的目標，我們還要另外設定「不斷精進」的目標。你要選擇什麼領域都可以，重要的是要不斷精益求精，永遠保持朝更高目標邁進的動力，可以讓你的人生更充實。

## 狀況二：「水形地」，天上忽然掉下難題，要盡快抽離漩渦，從高處觀察大局

一旦下起大雨，河川水位會迅速上漲。再加上山區天候不穩定，即使天氣晴朗也不能鬆懈。至於我們的人生，由於不知道難題何時會從天而降，才顯得恐怖。

孫子說，在河川地帶作戰時，「不可以深入水中應戰，應儘速離開水中，從上游開闊的地方觀察局勢，構思策略。」

這麼做的含意是：「**不要困在難題的漩渦當中。**」在大部分的情況下，我們的大腦容易被難題占據，因而陷入思考漩渦難以脫身。

這種時候，我們應該先遠離問題中心，從高處縱觀大局，掌握整個問題，並觀察周遭的情況，思考如何應對。

在湍急的溪流不斷掙扎，也不可能敵過強勁的水勢，終將被河水吞噬而溺斃。相同的道

理，遇到困難時別急著跳入漩渦，記得提醒自己先抽離出來，從客觀的角度觀察問題。

**狀況三：「斥澤地」，陷入泥沼，猶如人生的逆境，必須尋找心靈的依靠**

一旦不慎踏入泥沼，我們將無法動彈，身體被一點一點地往下拖。人生中的逆境也是如此。困難一個接著一個來，彷彿沒完沒了，絕望的心境也有如陷入泥沼之中。

這種時候，你必須專心想著「要盡早脫出困境」。只要生出一點「自己可能會永遠陷在這裡」的念頭，雙腳就會被拽得更深。

然而，這不是一件容易的事。想從逆境爬起來，勢必伴隨強烈的痛苦與疲勞。因此，你必須尋找心靈上的依靠，勇敢地跟逆境對抗，不被它擊倒。這樣的心靈依靠，用不著是什麼了不起的東西，任何能療癒你的內心、讓你恢復精神的事物都可以。

舉例來說，「跟這個人喝酒閒聊，可以使心情變好」、「回到家時看見寵物出來迎接，便覺得療癒」、「彈鋼琴能讓我把一切拋到腦後，重新打起精神」等等。

別老是用工作塞滿每天的生活，保留一些時間給自己的興趣，有助於提升你對抗逆境的能力。

**狀況四：「平陸地」，一帆風順時，更要抱持危機意識**

在地勢平坦處布陣，前方沒有什麼足以形成威脅，以人生比喻的話，等於一帆風順。在這般幾乎「所向無敵」的情況下，我們會在不知不覺中鬆懈下來，只顧著往前衝刺，忽略後方可能有狀況逐漸逼進。所以孫子提醒我們：要背向高處，以防敵人從後方偷襲。

在我認識的人當中，有一位在創業初期吃了不少苦頭，受盡折磨，但還是一路努力挺過來，沒想到就在登上業界頂峰的那一刻，卻發生了意想不到的意外。

某天，慶祝酒會結束後，一行人到居酒屋續攤，他不慎踩空店內樓梯，整個人摔下去——那個人習慣在走路時，雙手插在口袋裡。即將起飛的大好人生，就這麼瞬間破滅。不論是誰聽了，都會唏噓不已。

這是真實發生的案例。由此可知：**一帆風順的時候，更應該抱持「自己可能明天就會死去」的危機意識，採取各種行動，再三小心謹慎。**

邁開腳步前，先想想前方的某處，有沒有可能潛藏致命危險。孫子說的「前死後生」，即為這個意思。

179 別老是用工作塞滿每天的生活，保留一些時間給自己的興趣。

**四種地形（人生四種狀況）下務必自我提醒的注意事項**

| 項目 | 意義 | 注意事項 |
|---|---|---|
| 山 | 攀上頂峰時 | 切記不可自滿，也不要忘記自己的初衷 |
| 水 | 忽然遭遇難題 | 遠離問題中心，客觀掌握整體狀況 |
| 斥澤 | 人生的逆境 | 尋找心靈上的依靠，勇敢地跟逆境對抗 |
| 平陸 | 一帆風順時 | 抱持危機意識，謹慎行事 |

凡軍好高而惡下，貴陽而賤陰，養生而處實，軍無百疾，是謂必勝。

# 任何事過量都會影響健康，時時提醒自己「適量即可」

離開會奪去體溫的寒冷地帶，挑選溫暖的地方休生養息。工作上的成就再耀眼，一旦身心健康受到傷害，便是得不償失。若想讓人生充滿活力，絕對少不了健康的身心，健康的身體與心理，是美好人生的基礎。

孫子對策：「大凡軍旅駐紮，總是喜歡乾燥的高處，避開潮濕的窪地；重視陽光充足之處，避開陰暗之地；靠近水草地區，糧秣供應充足；將士百病不生，這樣就有了勝利的把握。」

## 工作上的成就再耀眼，身心健康受到傷害，便是得不償失

每個人都曉得健康很重要，所以當電視節目或報章雜誌，推出以健康為題材的企劃時，總是能吸引最多的目光。這股「健康風潮」早已不只是單純的一時風潮。

然而，現代人不知為何，明知有損健康，卻仍要維持不良的生活習慣。

相信有不少人覺得被工作壓得喘不過氣，三餐不定時不定量，犧牲睡眠時間持續工作，最後導致過勞而累倒，或被壓力逼出心理的疾病。

不論工作上的成就再怎麼耀眼，一旦身心健康受到傷害，最後必須長期治療，甚至永遠無法回到工作崗位，便是得不償失。不只是工作，任何事情只要做過頭，都會對身心造成不良影響。

舉例來說，飲食過量會增加腸胃負擔，引發萬病的根源「代謝症候群」；睡眠時間超過所需的量，反而會愈睡愈迷糊，做事情的動力也大大減退。其他還包括運動不足、喝酒、吸菸、熬夜、手機成癮……等等，凡是可能影響健康的大敵，都應該提醒自己「適量即可」。

孫子透過這句話提醒人們：「身心的健康比什麼都重要。」如果過去的你忽略了這一點，現在請儘快建立觀念，並且養成對健康帶來助益的習慣。

二十年來，我一直持續著「每兩天要日走六千步」，以及「吃飯時配上大量可強化血管的芝麻」的養生習慣。多虧如此，我的身體到現在都還很硬朗。

優勢對策34

軍旁有險阻、潢井、蒹葭、小林、蘙薈者，必謹覆索之，此伏奸之所處也。

# 天下沒有白吃的午餐，聽到「好康」時，不要高興得太早

軍隊兩旁遇到有險峻的隘路、湖沼、水網、蘆葦、山林和草木茂盛的地方，必須謹慎地反覆搜索，險峻的隘路發生什麼事情之前，必定有所徵兆。不可錯過任何風吹草動，才能在第一時間察覺事情將如何變化。

孫子對策：「行軍時，如旁有險峻的隘路、沼澤地區、蘆葦蔓生之處、樹林、野草叢生之所，一定要謹慎地反覆搜索，這些都是敵人可能埋設伏兵和隱伏奸細的地方。」

## 凡事必有徵兆，留心身旁的蛛絲馬跡

在這個段落，孫子鉅細靡遺地列舉探聽敵情的方法。在此介紹一些比較有意思的項目：

- 行軍經過險峻的地帶，或是湖沼、窪地、蘆葦、樹林、草木茂盛等陰暗處，都可能有敵軍埋伏。
- 敵方能不聲不響地移動到我軍附近，等我軍主動上門，靠的是險要的地形。
- 敵方從遠處挑釁的目的，是把我方引誘出來，然後一網打盡。
- 樹林草叢出現動靜，可能代表敵軍正往這裡接近。
- 小鳥從樹叢飛出，是該處有伏兵的證據。
- 野獸急奔而出，是埋伏在林中的伏兵打算發動奇襲的警示。
- 泥沙銳直高揚，代表是敵方的戰車部隊；泥沙廣闊、貼伏著地面，代表是步兵部隊；泥沙細長又散布各處，代表敵方正在砍柴；泥沙量少，僅在小範圍移動，代表敵方正在紮營。

看完之後，你有什麼感想？是否覺得孫子觀察得相當入微？在佩服他的敏銳觀察力之餘，我們也要明白：不放過任何蛛絲馬跡，有助於探知敵方的動向。這種方法亦適用於人生和工作等各種場合。

整體而言，我們可以確定的是：「**好康的事情，背後八成有詐。**」例如某人提供一份待遇相當優渥的工作，你想都不想便接受，結果很有可能被迫從事遊走法律邊緣的行為。

再者，有人在你煩惱的時候，對你伸出援手。你心懷感激地握住那隻手，卻發現對方的目的是騙走你的錢——這種情況並非不會發生。**聽到再好康的消息，都不能輕易相信，而是要適度地懷疑：「其中是不是有詐？」**

孫子這句話的用意，是提醒我們「對於任何事情，都要小心謹慎」。

老子也提過類似的道理：「豫兮若冬涉川，猶兮若畏四鄰。」「豫」解釋為小心謹慎。在冬天渡過結冰的河面時，我們會邊走邊敲打前方，仔細檢查冰塊有沒有碎裂，沒錯吧？在這個動盪的時代，我們也不可能預測何時發生什麼狀況，沒錯吧？

因此，要時時刻刻保持謹慎、提高警覺，假想敵人就在自己周圍，觀察是否有不安好心、打算陷自己於不利的傢伙，一刻也不能鬆懈。老子的那段話，正是說明在人生的道路上，每一步都要走得小心。

## 察言觀色，辨別各種訊息背後的含意

我再補充一點：與人見面時，記得仔細觀察對方的表情、臉色與舉動，這有助於打探他們真正的想法。例如你在跟對方對話時，發現：

「他的眼神飄忽不定，很明顯是在說謊。」

「他的表情變了，八成是被我說中心事。」

「他翹起另外一隻腳，看來這個話題讓他不太好受。」

「他雖然掛著笑容，手卻在顫抖，可見心裡其實相當緊張。」

「他雙手抱胸，大概是不怎麼信任我。」

「他脫下外衣了，代表已經對我敞開心房。」

不忘觀察這些肢體的細節，有助於瞭解對方的內心。

只要仔細觀察，你會發現：能夠得到的訊息出乎意料地多。將這些訊息運用在之後的商場和人際關係上，一定對你大有助益。

卒未親而罰之，則不服，不服則難用。
卒已親附而罰不行，則不可用。

# 優秀主管都知道的管理原則：紅蘿蔔與鞭子都要注意時機

管理下屬，雙方建立良好的關係，才是正確的第一步。在建構起人際關係之前，不論對方做錯什麼，最好都不要處罰。這只會使對方心生反抗，之後更不聽你的話。建立親近的關係後，則不可以縱容對方，否則對方只會看不起你。

孫子對策：「將帥在士卒沒有親近依附，就施以重罰，那麼他們必定不會心服，不心服，就很難用來作戰。士卒已經親近依附，該罰而不罰，同樣也不能用來作戰。」

## 「管」與「教」都必須建立在良好的關係上

大家都知道，培育下屬必須恩威並施，紅蘿蔔與鞭子並用。只不過，並非輪流使用這兩種東西就好。孫子這段話，提醒主管們管教下屬必須注意的重點：舉例來說，不可以在新的下屬剛加入時，馬上嚴厲地對他訓斥：「怎麼在偷懶！」「要是聽不懂我說的話，就別再來上班了！」這麼做或許是要建立自己的威嚴，實際上只會產生反效果。

**在雙方尚不理解彼此，存有諸多疑慮的情況下，立刻用鞭子伺候會造成對方的不滿，心生反抗或不安，**覺得「搞什麼，這個人的手段太強硬了吧」「他是不是很討厭我？」拉開你跟下屬的距離，之後無論你說什麼話，他們自然都不會聽。

雙方建立良好的關係，才是正確的第一步。

**彼此變得親近之後，則要注意不可縱容他，以免熟稔的關係讓他開始不把你放在眼裡，產生「偷懶一下也不會被罵」之類的想法。**當對方犯錯，或是不聽指示時，還是要確實施以鞭子手段。

教導年輕晚輩，必須付出愛情帶領他們，該讚美的時候就要讚美，該責備的時候也要責備。平時便用這樣的態度對待下屬，雙方的心才能合而為一，讓工作進行得更順利。

# 地形

## 第十堂課
## 正確評估現狀

### 從不同角度確實掌握自己身處的情況

〈地形〉論述軍隊在不同地形條件下進行作戰的基本原則。
本篇中的地形可以引申為你所身處的狀況，在這一堂課，孫子將要介紹：
與對手競爭時會遭遇的六種情況，並一一說明應敵的重點策略。
從管理「六過」的角度，時時提醒自己不要懈怠，做好自我管理的功夫。
以及，如何與下屬相處，讓對方「心服口服」的管理哲學。

地形有通者、有掛者、有支者、有隘者、有險者、有遠者。

# 開發新商品、拓展新商機時，你應牢記的六種對敵策略

與敵人正面對決時，講求的是哪一方的鬥志旺盛；容易進攻卻不易退軍的領域，務必確認對手的實力；如果戰況對先行動的那一方不利，最好避免跟對方爭鬥；開發新技術，務必累積實力以求最先突破難關；萬一被對手超越，要有撤退的勇氣；不擅長的項目，不要貿然應戰。跟對手競爭時，可能遇到的情況大致分成六種，要視情況選擇不同的應對方式。

孫子對策：「地形有：『通』、『掛』、『支』、『隘』、『險』、『遠』六種類型。」

## 從「六形」學會不同狀況下的應戰方式

在這個段落，孫子說明不同敵我形勢的應戰方式。地形主要分成「通」、「掛」、「支」、「隘」、「險」、「遠」等六類，比喻成對手跟自己所處的情況，同樣有許多可學習之處。在此，我就針對這六種敵我形勢，逐一解釋說明：

**策略一：「通形」，正面對決講求的是「鬥志」**

在雙方之間沒有任何遮蔽，可以自由往來的「通」形，是考驗實力，直接正面對決的時候。正面對決時最重要的，莫過於充沛的精神。在充分休息、養精蓄銳的同時，也要備好優秀的諮詢顧問。哪一邊的鬥志更旺盛，便是獲勝的一方。

**策略二：「掛形」，容易進攻卻不易退軍的話，要先確認對手的實力**

如果對手的防備零零落落、隨處可見破綻，進攻便不是一件難事；但如果對手早已做好周全的準備，等你上前挑戰，則有可能輸得一敗塗地，等你後悔，早就為時已晚，到時再想挽回頹勢，恐怕是不可能的。

遇到「掛形」的話，我們必須在正式對決之前，清楚確認對手準備的情形，確定己方占有優勢再出兵，居於劣勢則選擇不戰鬥。

**策略三：「支形」，不要當挑起戰爭的那一方**

先挑起戰鬥那一方將處於不利的狀態，稱為「支形」。在這種情況，最好避免跟對方爭鬥，即使對方主動挑起戰爭，也不要輕易接受。不過，你可以佯裝逃避，藉此把對手引出來，讓自己立於優勢。

**策略四：「隘形」，累積最先突破難關的實力**

以開發新技術為例，能否第一個突破難關，是左右勝負的關鍵。這種入口處狹隘的狀態稱為「隘形」。搶先開發出新技術的那一方，接下來只要蓄積力量，讓其他對手無法接近即可；即使被對手捷足先登，也不要太快放棄。不妨尋找看看是否還有疏漏，再以超越對方的技術一口氣追過去。

**策略五：「險形」，萬一被對手超越，要有撤退的勇氣**

「險形」狀態的關鍵，在於比其他對手更快突破難關，以占得優勢。面對難度極高，甚至被視為不可能達成的挑戰時，要是對手搶先一步達成，我們必須提起勇氣，乖乖撤退。

**策略六：「遠形」，不擅長的項目，不要貿然應戰**

不僅不擅長的項目不要應戰，如果對方的實力跟自己不相上下，也不應該應戰。在「遠形」的狀況下作戰，一樣只會讓自己落於劣勢。

如果你要開發新產品、拓展新市場，或是跟其他廠商爭奪市場，不妨將以上六種形態做為參考。

最重要的一點是，要發掘自己的天賦，奠定任何人都模仿不來的獨擅領域。根據中國古典的記載，古人認為每個人都帶著各不相同的命——亦即上天賜與的特質與命運，來到這個世界。瞭解自己獨一無二的特質，有助於你奠定自己的獨擅領域。

### 「六形」與自身情況的對應和應變對策

| 項目 | 意義 | 應變對策 |
| --- | --- | --- |
| 通形 | 正面對決 | 保有旺盛鬥志，備好優秀諮詢顧問 |
| 掛形 | 容易進攻卻不易退軍的狀況 | 清楚確認對手的準備情形，有優勢再出兵 |
| 支形 | 先挑起戰鬥那一方將處於不利的狀態 | 避免爭鬥，或引誘敵人先攻擊 |
| 隘形 | 搶先突破難關，是左右勝負的關鍵 | 搶先開發新技術，加強實力，讓對手無法超越 |
| 險形 | 被對手超越 | 鼓起勇氣撤退 |
| 遠形 | 遇到不擅長的項目，或對方實力與自己不相上下 | 不要貿然應戰 |

## 優勢對策37

兵有走者、有弛者、有陷者、有崩者、有亂者、有北者。凡此六者，非天地之災，將之過也。

# 失敗的原因一定在自己身上，徹底排除可能造成失敗的因素

失敗的原因大致分為六種。目標設定過高，能力有所不及，所以輕言放棄；耽於逸樂，無法自律；被既定的固有觀念束縛，缺乏想像力，無法靈活行動；無法克制衝動情緒，意氣用事；事前缺乏風險控管，遇亂無法下達明確指示；事先擬定的計畫不周詳，沒做足準備便急著上戰場。概括說來，都是出於掌控不好自己。

孫子對策：「軍隊打敗仗有『走』、『弛』、『陷』、『崩』、『亂』、『北』六種情況。這六情況的發生，不是天時和地形作祟，而是將帥的過失造成的。」

## 認識導致失敗的六種因素，慎加防範

公司的錯、社會的錯、上司的錯、下屬的錯、家人的錯、朋友的錯……一旦事情發展得不如己意，不少人會立刻把原因歸咎到他人身上。

不過，真的都是別人不對嗎？

孫子在此舉出六種導致失敗的因素。具體而言，軍隊裡存在「走者」、「弛者」、「陷者」、「崩者」、「亂者」、「北者」六種士兵，便很有可能打敗仗。軍隊裡出現這些士兵，則是為將者的過失。

把將軍跟士兵的角色，換成「內在的兩個自己」，也就是負責發號施令的自己，以及聽命行事的自己，又會產生新一層的見解。

孫子的這句話可以解釋成：「失敗的原因，其實都在自己身上。」現在，我們開始一一檢視這六種導致失敗的因素。

### 因素一：「走者」，目標設定過高

如果對手的戰力是我方的十倍，占有壓倒性的優勢，即使將帥多次下令「攻擊」，士兵也只會丟下武器逃命。發生這種失敗，代表我們把目標設定得太高。就算有心挑戰，也會立刻明白自己能力不及，而決定放棄。

所以，這種失敗的原因，出在把目標設定太高的自己身上。若想朝著目標一步步踏實地前進，應該從「再努力一下就能達成」的程度開始，逐步提高難度。

**因素二：「弛者」，無法自律**

將帥弱而士兵強，士兵便會鬆懈、倦怠、擅自行動。無法自律的人，叫做「弛」。人如果不嚴格地約束自己，勢必會想辦法讓自己過得更輕鬆，從而產生怠惰。這樣一來，事情當然不可能順利進行。

這種問題同樣出在自己身上。若是你動不動便想偷懶放鬆，請好好鞭策自己，努力維持動力。

**因素三：「陷者」，無法靈活地行動**

要是將帥過於「古板」，士兵將只會一個口令、一個動作。這屬於「陷」的狀態。當人們侷限在既定的固有觀念裡，容易受到束縛，沒辦法盡情發揮想像力，自由自在地行動。

尤其是需要突破現狀的狀況，更需要能夠變換自如的想像力，大膽地擬定策略。做不到這一點，得歸咎於自己嚴重缺乏想像力。思考不出好點子時，必須擺脫束縛自己的思考框架，從多個層面重新看待事物。

**因素四：「崩者」，無法克制當下的情緒**

要是將帥意氣用事，底下的士兵將無所適從。這就是孫子提到的「崩者」，整支部隊從頭到尾都是各唱各的調，如同一盤散沙。

性情難以捉摸的人，容易衝動行事。不管他們做什麼，最後一定會失去方寸。這種人錯在無法管理自己的情緒。隨時隨地保持冷靜，決定好大方向再行動，這一點相當重要。

**因素五：「亂者」，無法明確下達指示**

將帥懦弱沒擔當的話，不但無法下達明確的軍令，也沒有能力確實執行。這是孫子所說的「亂者」，亦即統御軍隊的系統陷入混亂。總是照著自己的意思行事，不把風險控管當一回事的人，都屬於這種類型。一旦事情稍微不如預期，他們會立刻手足無措。

光是遇到一點狀況，便想不出解決辦法，代表問題出在你太小看事態的嚴重性。準確把

## 199　光是遇到一點狀況，便想不出解決辦法，就是你太小看事態嚴重性。

握現狀，設想好所有風險乃必備的事前功夫。擬定計畫時，務必要詳細到你敢大聲保證：「所有狀況皆在我的掌控當中，絕對不會有什麼意外。」

### 因素六：「北者」，還沒做足準備便急著上戰場

將帥不先掌握敵情，不徹底強化兵力，甚至不培養做為主力的精銳部隊，便貿然上場應戰，士兵也不知道該如何打仗。這就是「北」的狀況。這好比司機不等所有乘客上車，便發動車輛。有些時候，「且戰且走」的方式確實有效，但大部分撐不了多久，便因為能力不足、準備不夠充分而遇到瓶頸。

之所以導致這種結果，在於事前擬定的計畫不夠周詳。照理來說，我們應該周延地考慮各種情況，用盡所有方式確定有勝算之後，才實際付諸行動。在大多數的情況下，太過心急只會壞事。請好好記住這一點。

看完以上的六種失敗例子，不要只是讀懂而已，這些道理要實際拿出來用才有意義。你應該用這些道理檢查自己的行為，以免自掘墳墓。

**從將帥「六過」看警惕自我的注意事項**

| 項目 | 意義 | 注意事項 |
|---|---|---|
| 走者 | 士兵輕易放棄逃避 | 目標設定得太高，自己能力不及 |
| 弛者 | 士兵鬆懈、倦怠、擅自行動 | 無法嚴格約束自己，偷懶放鬆 |
| 陷者 | 士兵只會一個口令一個動作 | 侷限在既定固有觀念 |
| 崩者 | 士兵無所適從 | 意氣用事 |
| 亂者 | 統御指揮的系統陷入混亂 | 沒做好風險控管，無法下達明確的軍令 |
| 北者 | 士兵不知該如何打仗 | 太過心急，沒做足準備便急著上戰場 |

優勢對策38

**視卒如嬰兒，故可以與之赴深谿；視卒如愛子，故可與之俱死。厚而不能使，愛而不能令，亂而不能治，譬若驕子，不可用也。**

# 建立與下屬的理想關係，恩威並施，張弛有度

疼愛下屬如自己的小孩，關愛而不溺愛，同時保有上司威信，不輕易放縱下屬，這樣一來，你們才能一起面對困難。

孫子對策：「將帥對士卒像嬰兒一樣，士卒就可以與他共患難；將帥對士卒像對待自己子女，士卒就會與他同生共死。如果對士卒厚待卻不能使用，溺愛卻不能指揮，違法而不能懲治，那就如同嬌慣了的子女，是不可以用來同敵作戰的。」

## 溺愛與討好無法建立真正穩固的信任感

孫子把將帥與士兵的關係比喻為親子，這也可以套用於組織內的上司與下屬。如果上司愛護下屬如自己的小孩，不論面臨再大的困難，他們都會同進同退。說得極端一些，連要同生共死都不是問題。

可是，孫子也提醒我們，愛護下屬不能像飼養寵物，一味地寵溺對方。光是把下屬照顧得無微不至，不代表他們會聽從你的指揮，或遵照規範行事。用小孩比喻的話，跟我行我素的敗家子沒什麼兩樣。

這樣說固然對現代人有些刺耳。不過，從公司的上司對下屬、學校的老師對學生、到家庭的父母對小孩，愈來愈多人不思考如何加深心靈的連結，只知道不斷討好對方。另一方面，也有人仗著位階比對方高，藉由高壓管理或體罰展現自己的權勢。職權騷擾、精神霸凌，以及家庭暴力，已成為當今的嚴重社會問題。

上位者除了對下屬付出家人般無償的愛，也應該嚴格地教導對方，建立緊密的心靈羈絆。在職場上下關係、師生關係、親子關係逐漸崩壞的時代，孫子這番話更值得我們深思。

知兵者，動而不迷，舉而不窮。
故曰：知彼知己，勝乃不殆；知天知地，勝乃可全。

# 提高勝算的三大鐵則：確實掌握目標難易度、實力、身處狀況

成功人士知道必須經常檢視三大關鍵事項：必須達成的目標難度、自己的實力、身處的狀況——時時注意這三點，就能毫不猶豫地迎向挑戰，而不會窮於應對。

孫子對策：「真正懂得用兵的將帥，他的一切行動都是出於準確思考而不盲目行動，他的戰術有無窮的變化。所以說，瞭解敵人，又瞭解自己，勝利才有把握；如果再瞭解天時地利，那就可以大獲全勝了。」

## 獲勝關鍵：瞭解敵人、瞭解自己、瞭解天時地利

孫子提到這句話前，先舉了三種勝算只有五成的例子。

第一種是「知吾卒之可以擊，而不知敵之不可擊」：知道己方足以應戰，但不知道敵方也很強大。

第二種是「知敵之可擊，而不知吾卒之不可以擊」：知道敵方的戰力不強，但也不清楚己方的實力。

第三種是「知敵之可擊，知吾卒之可以擊，而不知地形之不可以戰」：雖然很瞭解敵我雙方的戰力，但是沒發現戰場地形不利己方。

現在，請跟我這樣代換：

「敵方戰力＝必須達成的目標」

「己方實力＝自己的實力」

「地形＝身處的狀況」

明白自己有多少實力，但不知道目標的難度之高，必定會在某個階段遭遇瓶頸。即使知道達成目標的難度不高，要是不瞭解自己的實力，也有可能耗費過多的體力而疲憊。再者，

205 獲勝關鍵：瞭解敵人、瞭解自己、瞭解天時地利。

就算知道達成目標的難度，也瞭解自己的實力，要是無法察覺情勢不利於己，依然有不慎落入陷阱的危險。

所以，在挑戰目標之前，必須徹底掌握目標難度、自己的實力，以及身處環境這三大要素。換言之，你必須審慎思考「以自己目前的實力，有沒有辦法達成目標」、「自己所處的環境裡，有沒有什麼東西構成阻礙」。

若能充分準備到這個程度，你自然不會有所遲疑，實際行動起來，也不會陷入苦戰。

# 九地

第十一堂課
贏家的必備心態

## 讓勝利成為囊中物的「心靈整理術」

「九」泛指數量多，〈九地〉指各種複雜地形。前面〈地形〉篇指的是純粹的自然地理概念，此篇的「地」則加上環境氛圍等因素，以較大篇幅論述不同環境下的戰略原則和治軍原則，
在這堂課，孫子要告訴你：面對人生中的九種狀況，應該抱持的不同心態；
即使對手做好萬全準備，也能掌控對方的方法；
上位者一定要知道的人心掌控術；以及成功人士都知道的必勝領導哲學。

優勢對策40

用兵之法，有散地，有輕地，有爭地，有交地，有衢地，有重地，有圮地，有圍地，有死地。

# 事先設想不同狀況應以何種心態面對，問題發生時才能從容以對

人們在不同的狀況會產生不同的心態。我們應該調適鬆動的心，好好面對事情。事先熟悉在九種不同的狀況下，要以何種心態面對，肯定對你有所幫助。

精神渙散、心有罣礙時，不如擇日再戰；對將來感到不安時，不如尋求他人的協助；畏懼對手背後的靠山，就要跟靠山打好關係；因事情沒有進展而焦急時，不妨全力衝刺；身處攸關生死的危機，要有背水一戰的覺悟。

孫子對策：「根據用兵法則，軍事地理有『散地』、『輕地』、『爭地』、『交地』、『衢地』、『重地』、『圮地』、『圍地』、『死地』等九類。」

## 再嚴峻的挑戰，只要抱持正確的心態，都能扭轉情勢

這一長串的內容，跟〈九變〉篇有諸多相同之處。在這個章節，我們要把重點放在隨著狀況變化的內心，思考如何建立面對事情時應該抱持的心態。

我會照著孫子設想的九種狀況——散地、輕地、爭地、交地、衢地、重地、圮地、圍地、死地，連同各種狀況的相關內容，依序詮釋說明。

### 心態一：「散地」，精神渙散的話，不如擇日再戰

敵人入侵國家，在自己的土地上作戰，稱為「散地」。被派赴戰場的士兵，想必會擔心留在後方不遠處的家人，恨不得早一刻飛奔回去，根本無心應戰。

日常生活中，也經常發生這樣的情況，例如想著待會兒要跟戀人約會，工作起來心不在焉；心有罣礙，手邊工作遲遲沒有進展；或是迷失目標，不知道自己該怎麼做，像無頭蒼蠅到處亂飛……在這樣的狀態下，不可能做好什麼事情。孫子認為唯一的辦法是「無戰」，重整旗鼓以求精神上的專注。

以前面列舉的狀態為例，第一種狀態應該早早將工作告一段落，前去赴約，隔天早上進

公司，再好好完成剩下的工作。第二種是先處理自己擔心的問題，除掉心頭的重擔後，再開始認真工作。第三種是重新設定目標，以全新的心情做自己該做的事。

精神渙散的時候，做什麼都不可能順利。整理出可以讓自己專注的環境，也能使你的心態跟著重新調整。

**心態二：「輕地」，對未來感到不安時，尋求他人的協助**

剛踏入敵國幾步路，往返輕易的狀態，稱為「輕地」。士兵無從得知接下來會面臨什麼樣的戰爭，內心想必極度不安，一刻也不得平靜。我們剛嘗試新事物之初，心中同樣會充滿不安。在這種情況下，有沒有什麼辦法，可以使心情平靜下來？

孫子的回答是：「無止」，亦即「別停下腳步」。接著，他又提出「吾將使之屬」（使整支部隊緊密相連）的具體因應之道。簡單說來，意思就是：「向可信賴的人尋求協助，冷靜地面對事情。」得到可靠的幫手，如同打了一支強心針，對未來的不安也跟著一掃而空。

**心態三：「爭地」，對激烈的爭鬥感到擔憂時，先靜觀事態發展**

看到「先占領的那一方可以得到優勢」的兵家必爭之地，人人都想爭奪，士兵個個心浮氣躁，心裡只想著趕快進攻，這就是孫子所說的「爭地」。

將時間切換到現代，一聽到「中國將是下一個新興市場」，肯定有許多企業會搶著登陸，掀起激烈的競爭。然而，當中也會有企業事先沒做好研究，便搶著登陸，結果就是分不到多少利益。

孫子說：「爭地，吾將趨其後。」意思是不要只顧搶著當第一批，先靜靜地觀察一陣子，待競爭告一段落，再輪到自己沉著進攻，坐收漁翁之利。兵荒馬亂的情況下，很難想出腳踏實地的策略。所以請提醒自己：「不要慌張，先冷靜下來，不用急著現在跟別人爭。」

**心態四：「交地」，戰況緊繃的時候，全員更要團結一致**

「交地」是敵我雙方都能自由往來之處，敵人隨時都有可能突襲，所以即使己方已經占領，依舊一刻也不得鬆懈。不希望老是提心吊膽的話，孫子提出了「吾將謹其守」的做法，也就是強化部隊之間的連結，慎防慎守。

商場上有些市場和領域，較容易接受新的競爭者加入，或是新的競爭者不會比既有企業吃虧多少。在這種環境下，鞏固自己的地位會非常辛苦，必須消耗大量的精神。這時，最聰明的做法是強化守備能力，讓隊友團結一心，共同對抗外敵。

具體做法包括：建立專業的菁英團隊、將組織簡化得更有彈性、使部門間的溝通更暢通……等等。建立能讓同伴團結的環境後，人心自然會安定下來。

**心態五：「衢地」，畏懼對手背後的靠山，就要跟靠山打好關係**

即使對手本身不具威脅，如果背後有強大的靠山，我們還是會畏懼他的陰影。身處這種「衢地」，最好忽略眼前的對手，跟他背後的靠山打好關係。

在職場上，也有人仗著背後的大人物橫行霸道，硬是把難題推過來，不一一請示自己的靠山，便不知道該怎麼做事情。雖然這種人本身不足為懼，一旦感受到來自他背後靠山的壓力，事情便很難照自己的意思進行下去。最壞的情況，我們甚至還得對這種人的話言聽計從。

擺脫這種恐懼的方法，就是繞過眼前的小人物，直接跟他背後的大人物建立關係，也就是孫子說的「吾將固其結」。因為小人物同樣得聽背後大人物的話，這樣一來，他自然比較容易接受你的意見，工作起來也更有效率。

**心態六：「重地」，深入敵境軍心不安時，耐心尋找突破現狀的機會**

通過多座城邑，進入敵境深處，到了難以返歸的地區，稱為「重地」。這種地方進也不是、退也不成，士兵當然會擔心自己能不能活下去。為了穩定軍心，將帥必須在當地調度食糧物資。

我們也可能在不知不覺中，深入本來不屬於自身業務範圍的計畫，或為了替人解決爭端，結果連自己也被牽連進去。要是缺乏足以處理好事情的能力和手腕，一旦陷入泥淖，只會讓人驚慌失措，不斷想著：「該怎麼辦？該怎麼辦？」

若想調整此時混亂的心理，必須做好跟敵人打持久戰的覺悟，遵照孫子的建議：「吾將繼其食（我要就地補給糧秣）。」一點一滴做好目前能做的事，同時尋找突破現狀的機會。

曾經有企業太過深入某個夕陽產業，但他們選擇繼續慢慢耕耘。在那段期間，其他對手撤退得一乾二淨，最後由他們單獨占下整個市場。

## 心態七：「圮地」，因事情沒有進展而著急時，不妨全力衝刺

在山林沼澤等艱險的環境行軍，是最困難的事情。一旦進入這種「圮地」，軍隊很難向前推進，士兵也會開始焦躁。這股情緒隨著時間升溫，加上大家的體力不斷流失，行進速度只會愈來愈慢。

因此，孫子提醒：「吾將進其途。」也就是快速通過這個地方。關於具體做法，最好的

就是「進其途」，趁還有體力的時候，一口氣衝刺過去。走一段路、休息一段路，或謹慎地緩慢前進等做法，會使自己在轉眼間陷入進退兩難的泥淖。

改以戀愛關係比喻，可能更好理解。只要發生過一次三角關係、分手危機，便很難恢復以往的關係。這種時候，最好在雙方反目之前，一口氣把話說清楚。不只是戀愛糾葛，人際關係同樣如此。一味把該談的話題往後拖，或悠哉認為「慢慢談就好了」，事情將永遠沒有解決的一刻。最好以極快的速度進行話題，讓對方來不及反應，想插一句話都沒辦法。

## 心態八：「圍地」，四面楚歌，感到無力時，要大膽切斷後路

「圍地」如同字面之意，周圍盡是困境，用「四面楚歌」形容也不誇張的狀態。在這種情況下，士兵束手無策，只能任憑無助感將自己淹沒。

在人生中，我們也可能面臨「長官在上頭施壓，部屬從底下逼迫，客戶提出強人所難的要求，消費者投訴排山倒海，回到家裡也被當成陌生人」這般，種種問題從四面八方席捲而來的窘境。

不過，你沒有時間灰心喪志，封閉自我。此時，你必須下猛藥，讓自己重新振作。孫子開的這帖猛藥，就是「吾將塞其闕」，切斷退路，集中火力於固定一點，尋求突破。儘管必

215 因爲事情沒有進展而著急時，不妨全力衝刺。

須付出龐大的代價，但這麼做有助於你做好覺悟。若能不惜做到這一步，前方的光明便不會太遠。

**心態九：「死地」，身處生死交關的危機，要抱持決一死戰的覺悟**

死亡風險相當高的狀態，稱為「死地」。萬一面臨這種攸關生死的危機，士兵想必會陷入空前的恐慌。這種時候，不做好背水一戰的必死覺悟，便無法戰勝內心的恐慌。

投射到人生，這種狀態相當於信用掃地，鑄下無可挽回的大錯，爆發足以失去社會立足之地的醜聞，失去住的地方、財產、工作、家庭等一切。

雖然這是段非常難熬的時期，我們更應該做好覺悟決一死戰，如同孫子所言：「吾將示之以不活。」賭上性命，勇敢接受艱困的挑戰。這時你會發現，內心將湧出連自己也想像不到的強大力量。

以上就是九種讓人心動搖的狀況。請務必記住孫子講述的各種心態，繼續踏上山谷連綿的人生道路前進。縱使遇到再嚴峻的挑戰，只要抱持正確的心態，都能讓我們扭轉情勢。不要屈服於精神上的打擊，調整好心態，將危機視為讓自己快速成長的機會，才是最重要的事。

**從「九地」學習面對人生各種問題應抱持的關鍵心態**

| 項目 | 意義 | 關鍵心態 |
|---|---|---|
| 散地 | 心有罣礙，或是迷失目標 | 擇日再戰，先收拾好心情 |
| 輕地 | 內心極度不安 | 向可信賴的人尋求協助 |
| 爭地 | 競爭激烈 | 靜觀其變，沉著進攻，坐收漁翁之利 |
| 交地 | 敵我雙方都能自由進入的市場和領域 | 強化守備能力，團結一心，共同對抗外敵 |
| 衢地 | 對手背後有強大的靠山 | 直接跟對手背後的大人物建立關係 |
| 重地 | 深入本來不屬於自身業務範圍的計畫，難以脫身 | 做好目前能做的事，尋找突破現狀的機會 |
| 圮地 | 陷入進退兩難的狀況 | 一口氣衝刺，迅速解決問題 |

217 四面楚歌，感到無力時，要大膽切斷後路。

| | | |
|---|---|---|
| **圍地** | 種種問題從四面八方席捲而來 | 切斷退路，集中火力於一點，尋求突破 |
| **死地** | 信用掃地，鑄下無可挽回的大錯 | 賭上性命，勇敢接受艱困的挑戰 |

合於利而動，不合於利而止。
敢問：「敵眾整而將來，待之若何？」曰：「先奪其所愛，則聽矣。」

# 戰勝對手的關鍵：堅定的信念，讓你遇事不動搖

缺乏團結能力、如同一盤散沙的集團相當脆弱。戰爭時不妨設法破壞敵方的團結，等待他們自己從內部瓦解。對方做好萬全準備攻過來時，應該先瞄準他們最重視的區域。這樣一來，自然能控制其一舉一動。

孫子對策：「對我有利就行動，對我無利則不妄動。試問：『若敵人眾多又陣勢嚴整向我進攻，該用什麼辦法對付呢？』回答是：『先攻擊敵人必須援救保護的目標，則能使敵方受制於我。』」

## 「不論處在什麼環境，唯有這點絕不妥協」，你必須有這樣的信念

企業組織會陷入危機，大多出於內部逐漸衰弱失去力量。即使受到景氣惡化、競爭激烈、時代變遷等外在條件影響，組織本身缺乏撐過惡劣環境的足夠實力，也是不爭的事實。換句話說，組織瓦解的原因在於「發揮團結力量的體制瓦解」。

孫子建議我們，應該設法讓敵人的內部分崩離析，從而獲得勝利，同時我們也應該瞭解怎麼做才能避免自己落入相同的圈套？

不只是組織，倘若我們的心要一一回應所有來自外界的聲音，最後一定會陷入混亂，走上自我毀滅一途。孫子認為，軍隊內部沒有共識，不同位階和立場的人不互相幫助，這群人就只是烏合之眾。相同的道理，**人們做為核心思想的信念絕對不可動搖。信念動搖將導致內心紊亂，行為也無法維持一貫。**

一旦演變成這種情況，難道還有辦法堅強地走在難題接踵而來的人生道路上？

當然沒辦法，因為你的心還沒做好「迎戰」的準備。

若不想成為這種人，你必須擁有這樣的信念——「不管其他人怎麼說，我自己是這麼想的。」「不論處在什麼環境，唯有這一點絕不妥協。」

以你自身從事的工作為例，只要你覺得自己走的是正確的路，就算其他人覺得很乏味，勸你換一份薪水更高的工作，甚至說「不會有人看得起你」、「愈投入只會愈吃虧」，若是認真思考他們的話，只會沒完沒了，最後甚至無心工作。

反之，只要有明確的目標和信念，便不會產生動搖，抱持把這份工作做到最好的堅持，繼續往自己的目標前進。孫子告訴我們：擁有堅定不受動搖的信念，可以避免心生紊亂，導致自我毀滅。

## 佯裝攻擊對手痛處，藉此擾亂其心神

每間公司或多或少都有不願被對手挑戰的事業。這種事業即為他們的「生命線」。每個人的心中，或多或少也有不願被他人觸及的領域。這塊領域可能是過去犯錯留下的人生污點，也可能是私下不為人知的興趣。而每個人都有不願被奪走的事物，像是心愛的家人、朋友，或珍藏的寶物。

孫子在這裡告訴我們的，就是鎖定這類被對方視為「聖域」的地方攻擊。或許你會覺得這麼做很殘忍。然而，戰爭是攸關生死的大事，**特別是對手防守嚴密、毫無破綻的時候，**

## 221 佯裝攻擊對手痛處，藉此擾亂其心神。

**更要攻擊他們視為最重要的地方，以打亂敵方的陣腳。**

我們必須明白：從道義上判斷，只要認為是「對」的事物，就要抱著「義無反顧」的覺悟去達成。在人生中，我們有時也必須做出這樣的覺悟。只不過，**這麼做的目的只是「戳中敵人的痛處，使他們動搖」，千萬不可做得太過頭，以免對方心生怨恨。**

將這個道理應用於商場上的競爭、人與人之間的糾紛時，最好是裝出「我要攻擊囉、我要攻擊囉」的樣子，擾亂對方心神，待時機差不多了，再請公正人士仲裁調停。孫子說的「兵之情主速」（用兵之理貴在神速，要乘敵人措手不及的時機，走敵人意料不到的道路，攻擊敵人沒有戒備的地方），正是這個意思。

令發之日，士卒坐者涕沾襟，偃臥者涕交頤。善用兵者，譬如率然。能愚士卒之耳目，使之無知。

# 上位者一定要知道的人心掌控祕訣：懂得同理他人的感覺，才能得到人心

走投無路時，人會把性命豁出去，但即使是做好戰死覺悟的士兵，也會在背地流下淚水。所謂的「剛強」，是柔軟迴避對方的攻擊，接著立即反擊。領導者必須沉著冷靜、深思熟慮、事事講求公正。此外，不須將作戰計畫一五一十地告訴部下，詳細的作戰內容並非每個人都能知悉。

孫子對策：「當作戰的命令須布之時，坐著的士卒淚沾衣襟，躺著的士卒淚流滿面。善於指揮作戰的人，能使部隊自我策應如同『率然』蛇一樣。要能矇蔽士卒的視聽，使他們對於軍事計畫毫無所知。」

## 真正一流的人，既冷靜又感情豐富

儘管孫子提出的戰略，有時幾近殘酷，但事實上，他也是一個感情豐富的人。

這個段落的意思是，當軍隊被逼到窮途末路時，即使沒有將帥指示，士兵也會團結起來，共同賭上性命作戰。接著，孫子話鋒一轉，同情賭上性命作戰前一晚，士兵們的心境狀態。

「這些人當然也想要錢財，也愛惜生命。難道有誰喜歡像這樣，把生死置於度外？聽到出兵命令的那一刻，大家的眼淚想必都滑落下來，沾濕胸前的衣襟了吧。」

這段原文散發出些許詩意。**真正一流的人不能只是嚴厲、冷靜，同時還必須充滿人情味，擁有豐富的感性——這想必是孫子要表達的意涵。**

到此為止，我們學到很多可能會被說是「不擇手段」的戰術。不過，使用這些戰術時，加進帶有人性的情感，能發揮更大的功效。

各位的身邊應該也有這樣的上司、領導者或老師。這些人總是用溫暖的愛情包容我們，所以不管態度多嚴格，我們依然深信他們，願意追隨他們。希望各位也能成為這樣的人物。

## 行動時要「柔軟中帶剛強」，讓對手措手不及

孫子將懂得巧妙指揮軍隊的將軍，比喻為「率然」這種蛇。率然棲息於中國五大名山之一的恆山，牠的一舉一動總是讓人無從攻擊。打牠的頭，尾巴立刻朝這裡甩過來；打牠的尾巴，又會被頭部攻擊。那麼，改打身體總可以了吧？錯，牠會用頭尾同時向你反擊。不管打什麼地方，率然總有辦法柔軟地閃避，同時做好準備，立刻攻擊回來。孫子認為，為將者必須向率然看齊。

對應到人際關係上，最重要的在於，不論別人怎麼評論自己，姑且當做楊柳清風，任其吹過。**不正面承受、不抵抗、不反駁，以柔軟的身段迴避，雙方便不會感情用事，導致關係惡化**。

第二重要的是，從完全不同的方向提出自己的意見，如同「天外飛來一筆」，讓對方措手不及。對方見自己先前說的話沒什麼效果，想必會聽聽看你打算說什麼。這樣一來，他自然比較容易聽進你說的話。這種方式如同拳擊裡的「回擊」。

接著，問題來了——能不能把軍隊變得跟率然一樣？孫子回答：「可以，**只要讓大家陷入不得不互相幫忙的危機就好**。」在過去，吳國人跟越國人彼此仇視，但是當他們搭上

同一艘船，又遇到大風時，也不得不放下仇恨，互相幫忙以度過危機。對立的兩方都能如此，同一支軍隊的人更是不在話下。

成語「吳越同舟」正是出於此處。在人生中，使出自己所有的力量，發揮到淋漓盡致，便能像率然一樣既柔軟又剛強。

## 想讓戰略發揮作用，保密是最好的方法

每間公司都有各自的商業機密。即使是個人單位的競爭，也別把自己的底細亮給別人看。若想讓自己的戰略發揮作用，最好的方式就是保密。

這是資訊社會的時代，一切資訊逐漸傾向公開透明，使「保密」愈來愈難做到。但是在孫子的觀念中，並不是什麼訊息都應該大方公開。這句話可以從兩個面向解釋。

**一種是領導論：有什麼大好消息，絕對不會告訴下屬。下屬一旦知道「現在狀態絕佳，只要繼續維持下去，就可以輕鬆打敗對手」，一定會鬆懈下來。**因此，即使守不住「狀態絕佳」這個祕密，也要追加但書，提醒下屬：「儘管如此，仍然存在一些不確定因素。」

這樣一來，在告訴下屬消息的同時，也能激起危機意識和緊張感，促使他們更加努力。

**另一種解釋是，不要大聲對外宣稱自己的想法，以及要做的事。**

舉例來說，要是讓大家知道自己賺了很多錢，過不了多久，便會有很多想借錢、分一杯羹的人找上門。

在工作上也一樣，愈是創新的點子，當然愈要在還沒有人知道的時候，立刻付諸行動。

帥與之期，如登高而去其梯；帥與之深入諸侯之地，而發其機，焚舟破釜，若驅群羊，驅而往，驅而來，莫知所之。施無法之賞，懸無政之令。犯三軍之眾，若使一人。

# 必勝的領導哲學：創造讓下屬賭上性命的條件

領導者要像牧羊人，在最後方驅使下屬前進。不說明如何到達目的地，再引導至沒有退路的絕境，他們自然會賭上性命為你奮戰。執行任務時，提供破例的獎賞；非常時期時，下達破例的命令。激勵人心的最好方式，是直接拿出看得到、拿得到的好處。如此一來，指揮龐大的軍隊，也跟命令一個人一樣輕鬆。

孫子對策：「將帥向軍隊賦予作戰任務，要像使人登高而抽去梯子一樣，斷其後路，使之抱必死之決心。主帥帶領士卒深入敵國諸侯領地，要像弩機射出箭一樣指揮部隊進入戰鬥。對待士卒要能如驅趕羊群一樣，趕過去又趕過來，使他們不知道要到哪裡去。施行超越慣例的獎賞，頒布不拘常規的號令，指揮全軍就如同使用一個人一樣。」

## 領導者要像牧羊人，在後方驅策下屬前進

在〈九地〉這一篇，孫子不厭其煩地強調「讓士兵陷入攸關生死的危機」之重要性。這當然不是為了折磨士兵，而是讓他們痛下覺悟。一旦做好覺悟，人們能夠發揮連自己都想像不到的強大力量。欲以這種方式指揮隊伍的領導者，不能站在最前方，必須到最後方壓陣。留在最後壓陣，並非為了應付追兵，而是從後方驅使士兵前進，並且下達指示。從這個地方，能將所有人的一舉一動看得清清楚楚，一發現方向有所偏離，也可以立刻導回正確的路途。

綜觀當今檯面上的領導者，站在隊伍最前方，要求底下團隊「什麼都不用問，跟著我就對了」的人何其多。帶頭衝鋒固然是一件好事，但也難保不會在不經意間回頭一看，發現下屬全都沒跟上來。

如果是愈早到達的人，就能瓜分到愈大市場的競爭，領導者當然可以身先士卒作為表率，但在必須隨時判斷局勢，採取複雜行動的商場上，這種方法是行不通的。

如同孫子所言，像牧羊人般在最後頭驅趕隊伍前進，才是最理想的統御方式。各位領導者不妨從今天開始，拋棄舊有「只管跟著我」的方式，改從最後面督促整個團隊前進。

## 給予額外獎賞，員工才會有動力

**遇到難度很高、伴隨危險，或有機會帶給組織莫大利益的工作時，應該提供下屬額外的獎勵**。另外，也可以視情況交派不存在過去慣例的特別任務。孫子認為，像這樣提供報酬的話，即使不一五一十地詳細說明，下屬也會主動行動。

這種做法很類似現在的「獎勵制度」。戰後的日本事事講求平等，因而產生了不看工作量、不看任務難度、不看結果，僅依年齡決定薪水和地位的「年功序列制」，以及在同一間公司安穩工作到退休的「終身雇用制」等制度。在孫子的眼中，這些制度只會大大削弱員工的競爭力。

最後，公司會變成什麼樣呢？「反正我拚死拚活做，薪水都一樣那麼多，乾脆不要這麼努力。只要別摸魚得太誇張，便不可能被炒魷魚」——這麼想的人逐漸增加，整個組織愈來愈脆弱。

「年功序列制」跟「終身雇用制」固然有其優點，在這些制度下，同樣有很多人努力工作。然而，員工多少會為此感到安逸，也是不爭的事實。更何況，如果這些制度存在，即使祭出額外的報酬和特別任務，也不容易激起大家挑戰的欲望。

近年來，獎勵和表揚制度的重要性逐漸提升。代表過去安逸的環境將有所轉變，漸漸開始像孫子所說，要把員工推向攸關存亡的絕境。

# 火攻

第十二堂課

形象策略與媒體應用

## 提升自身評價與印象的技巧

〈火攻〉主要說明以火佐攻之法，是提高軍隊戰鬥力，奪取作戰勝利的重要手段。
本篇講述了火攻的種類、條件和實施方法，
這堂課將從「形象策略」的角度切入，教你：
掌握時代的風向，找出人們追求的要素，乘勢推廣出去，以建立自身良好的形象；
將「火攻五法」應用在媒體的操作，活用媒體打一場漂亮的形象戰。

發火有時，起火有日。時者，天之燥也。日者，月在箕、壁、翼、軫也。凡此四宿者，風起之日也。

# 掌握時代的風向，乘著風勢推廣良好形象

「形象策略」中的火攻，是找出符合時代所需的形象，乘著風勢推廣出去。因此，我們必須學會抓緊時代的需求，在社會對該形象的渴求達到最高點時，推出有利於我方的形象策略。同時也要留心，一旦火點燃了便很難讓其熄滅，萬一負面形象擴散，滅火也會是一件辛苦的工作。

孫子對策：「發動火攻要趁有利時機，引燃火勢也須選擇有利的日子。所謂時機是指天氣乾燥，久旱不雨；所謂有利的日子，是指月亮運行到『箕』、『壁』、『翼』、『軫』四個星宿的時候，月亮經過這四個星宿的時候，就是起風的日子。」

## 形象策略的關鍵：發掘時代的需求

「火攻」如同字面上的意義，是在山間或城裡放火，以攻擊敵陣。〈火攻〉是為了將戰鬥轉為對己方有利，所使用的一種技巧。我用「形象策略」的角度解讀這一篇的內容。

「形象策略」也是一種技巧。建立自己或組織的良好印象與名聲，推廣到他人心中，讓整個社會知道，能使我們的工作進行得更順利。建立起來的良好形象產生評價和名聲後，會引發連鎖反應，迅速地傳播開來，如同火勢猛烈蔓延。

我年輕時曾負責過政黨的形象戰略，操刀國內首次主打「形象牌」的選戰，算是「形象策略」的專家。因此，我更確切感受到《孫子兵法》的〈火攻〉篇，無疑是一種形象戰略。

孫子說：「行火必有因，因必素具。」意即：欲進行火攻，應事先準備好發火器材，待起風時，立刻採取行動。形象戰略也一樣，在名為「時代」的風吹起之前，「形象」的火種無法有效擴散開來。

也就是說，我們必須懂得「測風」。其中一種判斷依據，正是孫子所說的「天氣乾燥」之時。**如同在潮溼的天氣裡不容易生火，散布形象資訊的好時機，正是社會對該形象的渴**

**求達到最高點的時候**。

因此，第一個要思考的問題是：「這個社會渴求的是什麼？」嗅出時代的需求，誘發人們的渴望，滿足其渴求，將自己的形象推廣出去。

例如製作書籍，當這個社會需要愛情滋潤，設計時便要以這個主題為訴求。這就是觀測時代的風向，乘著時代的風，推廣自己的形象。

## 推動形象策略的五個原則

接下來，孫子提到火攻可具體分為五個種類，包括焚燒敵方軍隊、焚燒囤放在野外的物資、焚燒運送中的物資、焚燒存放物資的倉庫，以及在敵營放火。

將這五個種類對應到形象策略上，並不是那麼簡單，但也不是完全做不到。以我操盤過的形象牌選戰為例，當初我使用的五個方法如下：

**第一項是外貌**。在髮型跟化妝上下功夫，帶出專屬於個人的魅力。

**第二項是服裝**。用衣服跟配件表現一個人的特色。

## 235 散布形象資訊的好時機：社會對某個形象的渴求達到最高點的時候。

**第三項是人品**。透過表情、說話方式，以及舉手投足，展現一個人的優點。

**第四項是背景**。以我接過的一位候選人委託為例，對方擁有東京大學的學歷，又是待過大藏省（過去的日本最高財政機關，擁有相當大的影響力。一九九〇年代爆發多起醜聞，於二〇〇一年行政組織改革時改制為財務省）的官僚。為了去除社會對大藏省的負面形象，我設計出「沒有大藏官僚氣息」的口號，再加入跟菁英身分極不相稱的「貧民子弟」要素，有效建立「頭腦清晰，又平易近人」的形象。

**第五項是思想與觀點**。這一點對政治人物最為重要，所提出的政見要讓大家一看就知道：自己打算推行什麼政策，想把這個國家打造成什麼樣子。

為了讓支持者產生好印象，並且吸引更多支持者，從以上五項原則建立形象策略，是非常重要的過程。另外，特別需要注意的一點是：**一旦把火點燃，便很難讓其熄滅。相同的道理，在形象策略中，要是負面形象擴散出去，「滅火」也會成為一件辛苦工作。**

凡火攻，必因五火之變而應之：火發於內，則早應之於外；火發而其兵靜者，待而勿攻。極其火力，可從而從之，不可從而止。火可發於外，無待於內，以時發之。火發上風，無攻下風，晝風久，夜風止。凡軍必知五火之變，以數守之。

# 根據不同狀況，靈活地使用媒體

讓火勢猛烈地向四周蔓延，有五種不同的方法。在形象策略中，你要善用扮演點火角色的媒體。

孫子對策：「凡用火攻，必須根據五種火攻所引起的不同變化，靈活部署兵力策應。在敵營內部放火，要及時派兵從外面策應。火已燒起而敵軍依然保持鎮靜，就應等待，不可立即進攻。待火勢旺盛後，再根據情況做出決定，可以進攻就進攻，不可進攻就停止。火可從外面放，這時就不必等待內應，只要適時放火就行。從上風放火時，不可從下風進攻。白天風颳久了，夜晚就容易停止。凡軍旅皆應該知道這五種火攻的變化應用，等待條件具備時進行火攻。」

## 活用媒體發動形象戰的五個方法

火攻的最大重點在於，如何讓火勢猛烈地蔓延到廣大範圍。孫子提出五種方式：派間諜潛入敵營放火，接著迅速從外面進攻，來個裡應外合；可以的話，掌握時機從外面放火；點火要在上風處，千萬不可在下風處放火……等等，以上皆可見於記載。

事實上，這些方式都可應用於形象策略。以下，就讓我們從中學習如何活用扮演點火角色的「媒體」。

### 方法一：「火發於內」，建立消息網路

形象策略的核心在於「公關」，我們必須從事公關活動，讓新聞媒體採訪報導。最中規中矩的方式，是提供資料給報社，請他們撰寫新聞稿。即使只出現在版面的小角落也沒關係，只要刊登上報，便能成為火種。因此，我們要考慮「消息的連鎖」，為消息擴散出去後的情況做好準備。

消息流通的管道，不外乎由一篇報導依序登上不同媒體，例如週刊記者看過報紙報導後，稍微把內容加工，做成專題或專訪，電視台看到週刊報導，又派記者前去採訪……因此，

我們應該設想到之後產生的「消息連鎖」，在週刊和新聞上布陣。

現在還多出「網路」這種媒體。當一則消息在臉書、推特等社群網路平台形成話題，它將在短時間內擴散到全世界，為千千萬萬的人知道。所以，在網路上設下引發話題的契機，同樣相當重要。這就是孫子所說的「火發於內，則早應之於外」。

**方法二：「火發而其兵靜」，要是沒有成功掀起話題，立刻重新規劃**

只不過，是否刊登上報或在新聞中播放，最終還是得由報社和新聞台決定。即使當初談得很順利，幾乎確定會登上報章新聞，也可能因故延期。更有甚者，記者都已經採訪好內容，最後卻突然被告知取消刊登。

這種情況屬於「火發而其兵靜」，反過來說，代表報導內容缺乏足夠的吸引力，就算質問報社或新聞台「不是說好要報導嗎」，恐怕也改變不了什麼，只會帶給他們負面印象，覺得「這個人真囉嗦」。碰到這樣的狀況時，最好是「待而勿攻」，重新規劃更吸引人的報導內容。

## 方法三：「極其火力」，消息逐漸傳開後，要構思長期戰略

如果你的運氣夠好，發出去的消息受到熱烈討論，一定會想乘勝追擊，打出更多策略。但是這個時候，請先暫時忍耐。不想讓這股熱潮僅是曇花一現的話，便得構思長期性的戰略。這就是孫子說的「極其火力，可從而從之，不可從而止」。

舉例來說，若某個題材可維持一段時間的話題性，不妨稍微做點變化，從不同角度發起新的企劃；若題材的熱度可能持續不久，便要趁話題尚未消退時，補充新的題材。

## 方法四：「火可發於外」，媒體連鎖也可以反其道而行

有助擴散訊息的媒體，並非只有報章雜誌。有時候，電視台會主動提出採訪邀約，一篇發表在社群網路平台的文章，也可能成為眾人注目的焦點。要點燃火苗，也可以從這些地方著手。

透過電視和網路得知新消息的人，遠遠多過紙本媒介。在電視和網路上引起話題的話，報章雜誌當然也不得不跟進採訪。這種情況對應到《孫子兵法》的「火發於內」。這時，應該「無待於內，以時發之」（不必等待內應，只要適時放火就行），積極地打響知名度。

## 方法五：「火發上風」，考量消息的路徑

孫子還提到，點火的位置是上風處還是下風處，會影響作戰方式。「火發上風，無攻下風」，其意為：不在上風處使用火攻，火勢便沒辦法蔓延。

思考「從國內何處發布新聞」時，這個道理可提供你作為參考。若想一口氣席捲全國各地，應以首都為首選。**首都毫無疑問是「消息的上風處」，擴散的速度跟氣勢都不在話下。**

最近也有來自地方的新聞掀起相當廣泛的討論，但是在傳到首都之前，這種擴散方式大多沿著地方城市一路延燒，勢必花上不少時間，才能傳遍全國。如果是這種情況，最好在引發話題的瞬間，跳過其他城市，直接將消息傳給首都的媒體，以達到縮短傳遞路程的功效。

此時，不妨將在地方媒體刊載、播放時獲得的迴響作為籌碼，說服對方：「這則報導在地方的電視頻道播出後，獲得廣大的迴響。在首都播出，說不定也會大受歡迎。」媒體永遠不嫌題材多，一些稀奇的地方消息，可能會受到他們的熱烈歡迎。

最後，孫子提醒我們「晝風久，夜風止」，**火攻應該挑風勢最佳的白天進行，以形象策略的觀點解釋，代表要挑選目標視聽眾的時段發送訊息。**一般而言，大家白天忙於工作，深夜就寢休息，最容易接觸到外界資訊的時間段，是早晨出門上班前，以及夜晚下班回家後。配合目標視聽眾的作息，也是很重要的一點。

241 首都是「消息的上風處」，擴散的速度跟氣勢都不在話下。

以上為構思形象策略時，必須掌握的五項原則。用「火攻」來比喻，應該能讓各位更容易瞭解才是，希望大家可以多加參考。

### 從「火攻五法」學習活用媒體的五個對策

| 項目 | 意義 | 媒體活用對策 |
| --- | --- | --- |
| 火發於內 | 從事公關活動 | 建立消息網路 |
| 火發而其兵靜 | 沒有成功掀起話題的情況 | 重新規劃更吸引人的報導內容 |
| 極其火力 | 消息傳開，受到熱烈討論 | 構思長期性的戰略 |
| 火可發於外 | 不必等待內應，積極打響知名度 | 主動使用網路平台發布消息 |
| 火發上風 | 考量消息的路徑 | 從首都散發消息 |

# 用間

第十三堂課

聰明的情報蒐集術

## 真正有用的第一手消息，往往來自現場的人

〈用間〉是《孫子兵法》最末一篇，論述關於軍事情報工作的意義、方針、原則、方法，是知彼察敵的手段，也是致勝的關鍵，放在最後，與〈始計〉首尾連貫，使整部兵法，成為一個完整的體系。最後這堂課，孫子提醒我們：想獲得第一手的情報，應該向現場的人打聽；多管齊下，活用五種間諜建構情報網路；想讓他人真心為你效力，除了給予利益之外，還必須提升自我，才能以德服人。

優勢對策46

愛爵祿百金，不知敵之情者，不仁之至也。先知者，不可取於鬼神，不可像於事，不可驗於度，必取於人，知敵之情者也。

# 成功的最大祕訣是「先知」，情報務必向「人」打聽

打一場仗，需要龐大的開銷。就算戰爭已經持續好幾年，決定勝敗照樣只在短暫的最後一天。要是你捨不得花錢打探對手的情報，便是違背仁義。成功的最大祕訣是「先知」，亦即比任何人更早得到情報。這種情報請務必向「人」尋求。

孫子對策：「如果吝嗇爵祿和金錢，不肯用來重用間諜，以致不能掌握敵情而導致失敗，那就是不仁到了極點。要事先瞭解敵情，不可求神問鬼，也不可以相似現象去類推，不可用日月星辰運行的位置去驗證，一定要從那些熟悉敵情的人的口中去獲取，才能真正瞭解敵情。」

## 正確的情報是得勝的關鍵，蒐集情報不要怕辛苦

「用間」即是派間諜蒐集情報。

若想在這個高度競爭的社會存活下去，或圓滑處理爭端不斷的人際關係，就必須掌握對手的情報。關於這一點，應該不會有人反對吧。

雖然〈用間〉篇被排在《孫子兵法》的最後一篇，「情報」在整體戰略中，其實扮演相當重要的角色。

說穿了，**《孫子兵法》的精髓正是「以情報為基礎擬定計畫，在實戰中使用各式各樣的戰術、策略，同時繼續蒐集更多情報，配合情況採取不同手段」**。若能將以「情報」為主的〈用間〉篇運用到淋漓盡致，並且提高戰略的精密度，將使你戰無不勝、攻無不克。

「蒐集情報」就是這麼重要，絕對不可馬虎。

孫子說：「別捨不得爵祿百金。」這裡的「爵祿百金」乃提供給優秀間諜的獎賞。如果已經在戰爭中投入龐大經費，最後卻因為捨不得這一筆錢而打敗仗，一切的辛苦和付出，等於統統化成泡影。

以金錢層面來說，在現代委託專家提供高準確度的資料、向熟知內情的人士打聽消息，

都必須支付相對應的調查和招待費。不過，最重要的還是在於「勤勞」，千萬不可以因為嫌麻煩，便三兩下敷衍過去。

對於這種不認真蒐集情報的人，孫子毫不留情地嚴詞斥為「不仁之至」，直接貶為最差勁的人、完全沒有上位指揮者才能的輸家。這一點請你銘記在心。

## 不要過度依賴網路，第一手情報來自於現場

遠在兩千五百年前，孫子便提倡打「情報戰」。他的智慧真的很驚人。如今是資訊社會的時代，在往後的日子裡，「資訊」對人們的重要性只會增加，不會減少。

在商場上，必須搶先一步取得對手的情報，這點當然自不待言；換做是人生，也有很多以情報決勝負的場合。掌握情報，有助我們準確地預測可能遇到的困難，或建立良好的人際關係。

值得玩味的一點在於，孫子要我們向「人」探聽情報。這個道理到現代依然適用。

你或許覺得：「蒐集情報還不簡單，網路上隨便找都一大堆。」不過，真的是這樣嗎？我實在不認為，從網路上取得的情報，能夠成為「值得信賴的間諜」。

## 247 不要過度依賴網路，第一手情報來自於現場。

為什麼這麼說？因為在虛擬的網路世界裡，充斥著缺乏公正性的評論、毫無事實根據抹黑他人的謠言、有心人士捏造，意圖操縱輿論風向的言談、或是非專業人士不負責任隨意發表的內容，要是想都不想便全盤接受，後果不堪設想。

孫子說：「先知者，不可取於鬼神，不可像於事，不可驗於度。」（欲蒐集情報，不可向神明祈求，不可仰賴經驗，不可占星卜卦。）網路上的情報也屬於這個範圍。

但我也要強調：這不代表網路和媒體上，清一色是沒有價值的假消息。就廣泛蒐集情報，查詢事情概略和官方統計數據等角度而言，只要情報來源是正當可靠的人物或團體，當然可以多加利用。

只不過，從自己信賴的人物取得來自現場的第一手情報，肯定更有價值。

**在大多數的情況下，有用的情報僅存在第一線人員才知道的地方，**不會印成書面文字，或以影像記錄下來，再加上這些情報尚未對媒體曝光，真正知情的人寥寥可數。搶先取得這些寶貴情報的話，便能成為孫子所說的「先知」。

## 想獲得人脈，必須先提供對方協助

說到「向人尋求情報」，我也有專屬於自己的祕訣。我有一個收納好幾千張名片的資料夾，對我來說，這個資料夾跟寶物一樣重要。

這本資料夾的來歷要從四十年前說起。我創立公司之初，別說是人脈，就連認識的人都屈指可數。於是，我給自己規定一項作業，那就是「每天要找十個人交換名片」，要是達不到目標，不足的部分必須累積至次日。

當時的我很害羞，非常不擅長社交，實在提不起勇氣主動跟別人交換名片。結果，順利達成十人目標的日子沒有幾天，不知不覺中，必須交換的名片已經累積到將近五百張。老是這樣下去也不是辦法，於是我勤跑賓客眾多的宴會，有時候把自己想像成發名片的機器，逢人便發名片，但這個方法也沒奏效。儘管換來的名片愈來愈多，我的人生仍舊沒有絲毫變化。

接著我開始思考，想跟交換名片的人熟識的話，可以怎麼做？最後我想到的方法是：「**探尋對方當下最大的煩惱，結合自己擅長的東洋思想，提供解答給對方。**」這個做法很有效，不但影響了我現在從事的行業，交換來的名片也成了一道道的人脈。

在那之後，我從未丟棄任何一張名片，當中如果有誰轉調部門或升遷，我必定會跟對方要一張新名片，所以在名片簿裡，同一個人擁有十張以上的名片，不是什麼稀奇事。然後，如果有一天，這裡面有人當上社長，我會把對方過去的所有名片整理起來，送給他做為禮物。能看到自己一路走來的軌跡，他們總是相當高興。

若能與這麼多人交換名片，並且讓關係熟稔，自然能夠向他們打聽寶貴的情報。這是我非常推薦的情報蒐集術。

**用間有五：有鄉間，有內間，有反間，有死間，有生間。五間俱起，莫知其道，是謂神紀，人君之寶也。非聖賢不能用間，非仁義不能使間，非微妙不能得間之實。**

## 聰明蒐集情報的方法：各方蒐集，多管齊下

情報探子可分成五種。若能不為人察覺地巧妙運用，即可打出最漂亮的一戰。這是領導者必須珍惜的寶貴本領。若沒有高尚的人格，便沒辦法得到有用的情報。培養自己的品格，做一個有智慧、充滿愛情、能敏銳察覺人心細微動靜的人，這點相當重要。

孫子對策：「間諜的運用有五種類型：『鄉間』、『內間』、『反間』、『死間』、『生間』，這五種間諜同時運用起來，使人無從知道究竟，只以為是神妙莫測之法術，實際上卻是國君克敵制勝的法寶。若不是睿智超群的人，不能使用間諜；不是仁慈慷慨的人，不能指使間諜；不是謀慮精細的人，不能鑑別間諜情報之真偽。」

## 從不同人選，取得不同情報的五種方法

孫子將使用間諜的方式分為五種。不過在當今這個時代，使用間諜有現實上的困難，所以我們不妨將這五點做為提示，考量幫忙蒐集情報的人選，以及需要什麼樣的情報。

現在，讓我們逐一瞭解所謂的「五間」，各是什麼樣的情報探子。

### 人選一：「鄉間」，敵國村落的居民

他們本來就是當地人，不容易被懷疑，是最適合吸收為間諜的人選。換做商場，則是跟對手公司的員工打好關係，做為自己的消息來源。即使雙方是競爭關係，只要處在相同業界，仍然有不少認識的機會，所以應該不是什麼難事。

你可以盡量表現得自然，邀請對方出去喝一杯，試著從他的口中套出消息。對方喝得愈醉，愈容易在私下告訴你重要的情報。

### 人選二：「內間」，位於敵國行政中樞的官員

他們跟尋常百姓不同，握有層級更高的機密，是不可多得的情報來源。以商場來說，要

跟對手公司的幹部打好關係，難度可能一口氣提高很多。所以，這就是必須好好動腦筋的時候了。總而言之，想辦法製造接觸的機會，跟對方建立交情。

說來令人難以置信，企業高層似乎都喜歡敢主動親近自己的年輕人，日子久了，會開始分享較少為人知的事情。

**人選三：「反間」，敵方的間諜**

再也沒有人比他們更熟悉敵國的消息，若能成功收買這種人，肯定能取得相當寶貴的情報。將反間應用在商場，便是把對手派來打聽消息的人拉為自己人，反過來從他的口中取得對方的情報。

如果發現對方很明顯是來打聽消息時，不妨告訴他：「我也不是不能說啦。不過，在告訴你之前，你能不能先透露一些消息給我？」對方真的很希望你提供情報的話，很可能用自己公司的情報做為交換。

**人選四：「死間」，即為所謂的「內應」**

故意把假情報透露給形跡可疑的人，觀察敵方是否隨這項情報有所行動，然後揪出潛伏於己方的內應。這種人一旦被發現，通常只有死路一條，所以叫做「死間」。

這種間諜的作用跟一般的情報蒐集不太相同，卻能有效防止己方情報外流。當你懷疑有人向敵方通風報信，不妨刻意放假消息給有嫌疑的人，這種方法能一舉揭穿他的身分。

### 人選五：「生間」，潛入敵國蒐集情報，活著回來報告消息的間諜

這種間諜一旦被發現，有可能反為敵方吸收，或是直接處死，因此必須擁有高超的情報蒐集技巧，避免遭遇危險。我將這個段落詮釋為：「在每一個重要的環節，布下可靠的情報來源。」網羅各種領域的專家，把他們配置在相對應的位置上。這樣一來，自然能得到各式各樣的情報。

## 提升自我，讓人願意為你兩肋插刀

在孫子的那個時代，間諜是直屬於將軍的存在。他們的任務伴隨更高的生命危險，也要對將軍守信守義。正因為如此，若不是了不起的將軍，他們是不會想賣命效力的。

到了現代也一樣，沒有人願意向不值得尊敬或信賴的人提供有用情報；優秀的員工遇到

不可靠的上司，也會抱怨：「誰想為你這種上司工作？」

因此，**想得到最好的情報，最大重點還是在於自我提升，增進自己的人格**。

「我願意為這樣的人效力」——在大家的心目中，你必須是這般存在。如此一來，你將能拓展優秀的人際網路，建立出色的人脈，在每個適當時機得到寶貴情報，以及眾人的幫助。

情報是由「人格」與「教養」得來的，請務必牢記這一點。

## 活用「五間」打聽情報的五種方法

| 項目 | 意義 | 打聽情報的方法 |
|---|---|---|
| 鄉間 | 對手公司的員工 | 與對方打好關係或定期聚餐 |
| 內間 | 對手公司的幹部 | 想辦法製造接觸的機會，跟對方建立交情 |
| 反間 | 敵方的間諜 | 情報交換 |
| 死間 | 潛伏於己方的內應 | 故意把假情報透露給形跡可疑的人，揪出內應 |
| 生間 | 擁有高超情報蒐集技巧的人 | 網羅各種領域的專家，配置在相對應的位置上 |

書號：0NFL6139
野人文化
讀者回函卡

書　名 ____________________

姓　名 ____________________ □女 □男　年齡 ______

地　址 ____________________

____________________

電　話 ____________________ 手機 ______

Email ____________________

□同意 □不同意　收到野人文化新書電子報

學　歷 □國中(含以下) □高中職 □大專 □研究所以上

職　業 □生產/製造 □金融/商業 □傳播/廣告 □軍警/公務員 □教育/文化 □旅遊/運輸 □醫療/保健 □仲介/服務 □學生 □自由/家管 □其他

◆你從何處知道此書？

□書店：名稱 ______________ □網路：名稱 ______________

□量販店：名稱 ______________ □其他 ______________

◆你以何種方式購買本書？

□誠品書店 □誠品網路書店 □金石堂書店 □金石堂網路書店

□博客來網路書店 □其他 ______________

◆你的閱讀習慣：

□親子教養 □文學 □翻譯小說 □日文小說 □華文小說 □藝術設計

□人文社科 □自然科學 □商業理財 □宗教哲學 □心理勵志

□休閒生活（旅遊、瘦身、美容、園藝等） □手工藝／DIY □飲食／食譜

□健康養生 □兩性 □圖文書／漫畫 □其他 ______

◆你對本書的評價：（請填代號，1. 非常滿意　2. 滿意　3. 尚可　4. 待改進）

書名 _____ 封面設計 _____ 版面編排 _____ 印刷 _____ 內容 _____

整體評價 _____

◆你對本書的建議：

____________________

____________________

____________________

____________________

野人文化部落格 http://yeren.pixnet.net/blog

野人文化粉絲專頁 http://www.facebook.com/yerenpublish

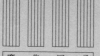

廣　告　回　函
板橋郵政管理局登記證
板 橋 廣 字 第 143 號

郵資已付　免貼郵票


野人

23141
新北市新店區民權路108-2號9樓
野人文化股份有限公司 收


請沿線撕下對折寄回

野人

書號：0NFL6139